"十四五"职业教育国家规划教材

数 U0688970

全彩慕课版

Photoshop CC
UI 设计案例教程 第2版

王京晶 主编／郑龙伟 龙浩 副主编

人民邮电出版社

北　京

图书在版编目（CIP）数据

Photoshop CC UI设计案例教程：全彩慕课版：第2版 / 王京晶 主编. -- 2版. -- 北京：人民邮电出版社，2024.9
高等院校数字艺术精品课程系列教材
ISBN 978-7-115-63996-7

Ⅰ. ①P… Ⅱ. ①王… Ⅲ. ①图象处理软件－高等学校－教材②人机界面－程序设计－高等学校－教材 Ⅳ. ①TP391.413②TP311.1

中国国家版本馆CIP数据核字(2024)第057931号

内 容 提 要

本书全面、系统地介绍 UI 设计的相关知识点和基本设计技巧，包括初识 UI 设计、图标设计、App 界面设计、网页界面设计、软件界面设计和游戏界面设计等内容。

本书除第 1 章外，其他章的内容均以知识点讲解加课堂案例为主线。知识点讲解部分可以使读者系统地了解 UI 设计的各类规范，课堂案例部分可以使读者快速掌握 UI 设计流程并完成案例制作。第 2 章至第 6 章的最后还安排课堂练习和课后习题，可以提高读者在 UI 设计方面的实际应用能力。

本书可作为高等院校数字媒体艺术类专业课程的教材，也可供初学者自学参考。

◆ 主　编　王京晶
　　副主编　郑龙伟　龙　浩
　　责任编辑　马　媛
　　责任印制　王　郁　焦志炜
◆ 人民邮电出版社出版发行　　北京市丰台区成寿寺路 11 号
　　邮编　100164　电子邮件　315@ptpress.com.cn
　　网址　https://www.ptpress.com.cn
　　雅迪云印（天津）科技有限公司印刷
◆ 开本：787×1092　1/16
　　印张：16.25　　　　　　　　2024 年 9 月第 2 版
　　字数：413 千字　　　　　　　2025 年 6 月天津第 4 次印刷

定价：79.80 元

读者服务热线：(010)81055256　印装质量热线：(010)81055316
反盗版热线：(010)81055315

前言

本书全面贯彻党的二十大精神，以社会主义核心价值观为引领，传承中华优秀传统文化，坚定文化自信，使内容能更好地体现时代性、把握规律性、富于创造性。

UI 设计简介

UI 设计是指对软件的人机交互、操作逻辑、界面样式进行的整体设计。按照应用场景，UI 设计可以被简单地分为 App 界面设计、网页界面设计、软件界面设计以及游戏界面设计。UI 设计内容丰富，前景广阔，深受设计爱好者以及专业设计师的喜爱，已经成为当下设计领域关注度非常高的方向之一。

如何使用本书

Step1 精选基础知识，快速了解 UI 设计

Step2 知识点讲解 + 课堂案例，熟悉设计思路，掌握制作方法

5.2.2 软件界面设计的界面结构 ——— 深入学习软件界面设计的基础知识和设计规范

通用 Windows 平台的软件界面通常由导航、命令栏和内容组成，其结构如图 5-16 所示。

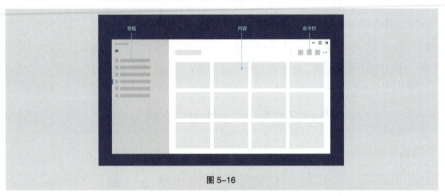

图 5-16

5.4 课堂案例——制作天籁音乐播放器软件界面

完成知识点学习后进行案例制作 ——— 5.4.1 课堂案例——制作天籁音乐播放器软件首页

了解目标和要点 ——— 【案例学习目标】学习使用形状工具、文字工具和创建剪贴蒙版命令制作天籁音乐播放器软件首页。

【案例知识要点】使用矩形工具添加底图颜色，使用置入嵌入对象命令置入图片和图标，使用创建剪贴蒙版命令调整图片显示区域，使用横排文字工具添加文字，使用矩形工具、圆角矩形工具、椭圆工具和直线工具绘制基本形状，效果如图 5-55 所示。

【效果所在位置】云盘 /Ch05 / 制作天籁音乐播放器软件界面 / 制作天籁音乐播放器软件首页 / 工程文件 .psd。

精选典型商业案例 ———

扫码观看案例详细步骤 ———

图 5-55

前 言

具体步骤如下。

1. 制作果蔬消消消游戏商城界面

（1）按 Ctrl+N 组合键，弹出"新建文档"对话框，设置"宽度"为 750 像素，"高度"为 1624 像素，"分辨率"为 72 像素 / 英寸，"背景内容"为白色，如图 6-31 所示，单击"创建"按钮，完成文档新建。

（2）选择"视图"→"新建参考线"命令，弹出"新建参考线"对话框，在 88 像素的位置新建一条水平参考线，设置如图 6-32 所示，单击"确定"按钮，完成参考线的创建，效果如图 6-33 所示。

步骤详解

图 6-31　　　　　图 6-32　　　　　图 6-33

Step3 课堂练习 + 课后习题，提高应用能力

5.5　课堂练习——制作不凡音乐播放器软件界面

更多商业案例

【案例学习目标】学习使用形状工具、文字工具和创建剪贴蒙版命令制作不凡音乐播放器软件界面。

【案例知识要点】使用置入嵌入对象命令置入图片和图标，使用创建剪贴蒙版命令调整图片显示区域，使用横排文字工具添加文字，使用矩形工具、圆角矩形工具、椭圆工具和直线工具绘制基本形状，最终效果如图 5-241 所示。

【效果所在位置】云盘 /Ch05 / 制作不凡音乐播放器软件界面。

扫码观看操作视频

图 5-241

5.6　课后习题——制作酷听音乐播放器软件界面

应用本章所学知识

【案例学习目标】学习使用形状工具、文字工具和创建剪贴蒙版命令制作酷听音乐播放器软件界面。

【案例知识要点】使用置入嵌入对象命令置入图片和图标，使用创建剪贴蒙版命令调整图片显示区域，使用横排文字工具添加文字，使用矩形工具、圆角矩形工具、椭圆工具和直线工具绘制基本形状，最终效果如图 5-242 所示。

【效果所在位置】云盘 /Ch05/ 制作酷听音乐播放器软件界面。

Step4 循序渐进，演练真实商业项目制作过程

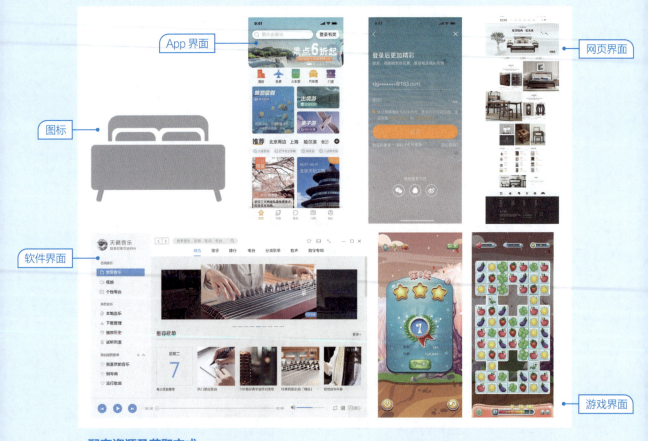

图标　App 界面　网页界面　软件界面　游戏界面

配套资源及获取方式

- 所有案例的素材及最终效果文件。
- 案例操作视频：扫描书中二维码即可观看。
- 扩展知识：扫描"扩展知识扫码阅读"页对应的二维码即可查看扩展知识。
- 全书 6 章的 PPT 课件。
- 教学大纲。
- 教学教案。

读者可登录人邮教育社区（www.ryjiaoyu.com），在本书页面中免费下载全书配套资源。

读者可登录人邮学院网站（www.rymooc.com）或扫描封面的二维码，使用手机号码完成注册，

前 言

在首页右上角单击"学习卡"，输入封底刮刮卡中的激活码，即可在线观看全书慕课视频；也可以扫描书中二维码，使用手机观看视频。

教学指导

本书的参考学时为 64 学时，其中实训环节为 32 学时，各章的参考学时参见下面的学时分配表。

章	课程内容	学时分配	
		讲授／学时	实训／学时
第 1 章	初识 UI 设计	2	—
第 2 章	图标设计	2	4
第 3 章	App 界面设计	8	8
第 4 章	网页界面设计	8	8
第 5 章	软件界面设计	8	8
第 6 章	游戏界面设计	4	4
学时总计		32	32

本书约定

本书案例素材所在位置：云盘／章号／案例名／素材。例如，云盘 /Ch05/ 制作天籁音乐播放器软件首页 / 素材。

本书案例效果文件所在位置：云盘／章号／案例名／效果。例如，云盘 /Ch05/ 制作天籁音乐播放器软件首页 / 工程文件 .psd。

本书关于颜色设置的表述，如红色（212、74、74），括号中的数字分别为其 R 值、G 值、B 值。

由于编者水平有限，书中难免存在疏漏和欠妥之处，敬请广大读者批评指正。

编 者

2024 年 2 月

扩展知识扫码阅读

设计基础

认识形体 | 透视原理

认识设计 | 认识构成

形式美法则 | 点线面

基本型与骨骼 | 认识色彩

认识图案 | 图形创意

版式设计 | 字体设计

>>>

设计应用

创意绘画 | 图标设计

装饰设计 | VI设计

UI设计 | UI动效设计

标志设计 | 包装设计

广告设计 | 文创设计

网页设计 | H5页面设计

电商设计 | MG动画设计

网店美工设计 | 新媒体美工设计

Photoshop

目录

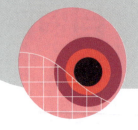

—04—

第 4 章 网页界面设计

Photoshop

━05━

第 5 章　软件界面设计

━06━

第 6 章　游戏界面设计

第1章
01
初识 UI 设计

▶ 本章介绍

　　随着互联网市场的逐渐成熟，企业对于 UI 设计从业人员的要求变得更加全面，因此想要从事 UI 设计工作的人员需要系统地学习知识并更新自己的知识体系。本章对 UI 设计的相关概念、常用软件、项目流程、风格表现、行业发展以及学习方法进行系统讲解。通过对本章的学习，读者可以对 UI 设计有一个宏观的认识，这有助于读者高效、便利地进行后续的 UI 设计工作。

学习目标

知识目标

1. 明确 UI 设计的相关概念

2. 熟悉 UI 设计的常用软件

3. 了解 UI 设计的行业发展

慕课视频
初识 UI 设计

能力目标

1. 掌握 UI 设计的项目流程

2. 掌握 UI 设计的风格表现

3. 掌握 UI 设计的学习方法

素质目标

1. 培养学习 UI 设计的兴趣

2. 培养获取 UI 设计新知识、新技能、新方法的基本能力

3. 树立文化自信、职业自信

1.1 UI 设计的相关概念

UI 设计的相关概念包括 UI 设计的基本概念、UI 与 WUI 和 GUI 的关系，以及 UI 设计的常用术语。

慕课视频

UI 设计的相关概念

1.1.1 UI 设计的基本概念

用户界面（User Interface，UI）设计，是指对软件的人机交互、操作逻辑、界面样式进行整体设计。优秀的 UI 设计不仅要保证界面的美观，更要保证交互设计（Interaction Design，IaD）的高可用性及用户体验（User Experience，UE）的高友好度，如图 1-1 所示。

图 1-1

1.1.2 UI 与 WUI 和 GUI 的关系

在设计领域，UI 现在被广泛分为 Web 用户界面（Web User Interface，WUI）和图形用户界面（Graphical User Interface，GUI）。在企业中，WUI 设计师主要从事个人计算机（Personal Computer，PC）端网页设计的工作。由于移动端包含大量 GUI，因此在企业中，GUI 设计师主要从事移动端 App 的设计工作。WUI 与 GUI 如图 1-2 所示。

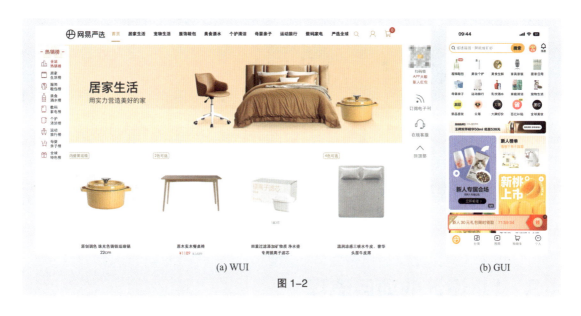

(a) WUI　　　　　　　　　　　　　(b) GUI

图 1-2

1.1.3　UI 设计常用术语中英文对照

UI：全称为 User Interface，即用户界面。

GUI：全称为 Graphical User Interface，即图形用户界面。

HUI：全称为 Handset User Interface，即手持设备用户界面。

WUI：全称为 Web User Interface，即网络用户界面。

IA：全称为 Information Architect，即信息架构师。

UE/UX：全称为 User Experience，即用户体验。

IaD：全称为 Interaction Design，即交互设计。

UED：全称为 User Experience Design，即用户体验设计。

UCD：全称为 User Centered Design，即以用户为中心的设计。

UGD：全称为 User Growth Design，即用户增长设计。

UR：全称为 User Research，即用户研究。

PM：全称为 Product Manager，即产品经理。

1.2　UI 设计的常用软件

图 1-3 所示的软件是考虑了软件的专业性、市场的认可度及用户的使用量等因素总结出的 UI 设计常用软件。还有一部分专业性和功能都不错的软件，本书由于篇幅限制不进行详细剖析，特别喜爱、崇尚软件技术流的设计师可以通过网络对 UI 设计相关软件进行研究。如果能够掌握图 1-3 所示的软件，读者完全可以胜任 UI 设计技术方面的工作。对于初学者，建议先掌握 Photoshop（简称 PS）和 Illustrator（简称 AI），有条件的话还要掌握 Sketch。

慕课视频

UI 设计的常用软件

图 1-3

1.3 UI 设计的项目流程

无论是从零开始打造一个产品，还是对产品进行迭代更新，一定要让拥有不同技能的角色分工合作。要想保证以最高效的方式做出具备市场竞争力的产品，就一定需要规范的设计流程。

1.3.1 产品设计流程

针对整个产品的设计流程而言，UI 设计仅是其中的一部分。一个产品从启动到上线，会经历多个环节，由多个角色协作完成。每个角色基本都会有对应的一个或多个环节，大流程和展开流程如图 1-4 所示。

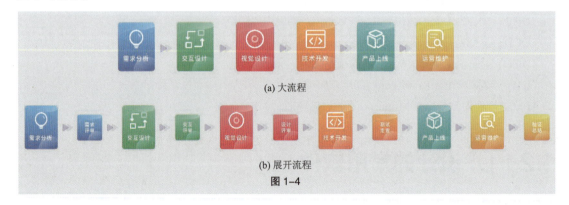

图 1-4

1.3.2 UI 设计流程

UI 设计师（User Interface Designer，UID）是公司中专门负责界面设计的人员。其负责的具体内容包括界面设计、切图标注、动效制作等，UI 设计师的主要交接文件是设计稿件与切图标注文件。随着 UI 设计的不断发展，UI 设计师已不局限于完成原先单纯的视觉设计层面的工作，而是参与到更多的产品设计环节中。由于 UI 设计师工作内容日趋多元化，UI 设计流程甚至可以分出更为细致的工作环节，UI 设计流程如图 1-5 所示。

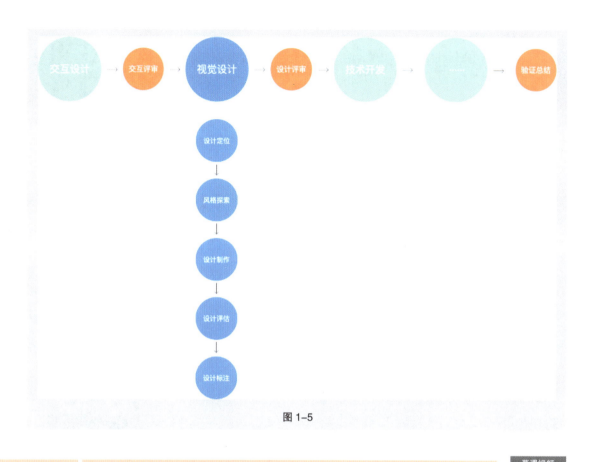

图 1-5

1.4 UI 设计的风格表现

慕课视频

UI 设计的风格表现

UI 设计的风格在 2017 年由以拟物化为主转化到以扁平化为主，因此 UI 设计的风格主要可以分为拟物化和扁平化两大类，如图 1-6 所示。

(a) 拟物化

(b) 扁平化

图 1-6

1. 拟物化风格

拟物化风格主要通过高光、纹理、阴影等效果模拟现实物品的造型和质感，将实物在 UI 设计中再现，拟物化图标如图 1-7 所示。

拟物化风格优点如下。

- 识别度高，用户的学习成本低。
- 视觉震撼力强，在屏幕中模拟实物效果往往会表现较好的质感。
- 用户体验良好，可以令用户与真实世界联系。

拟物化风格缺点如下。

- 设计费时，需要花费设计师大量的时间。
- 功能较弱，过分强调拟物效果，忽视 UI 的功能。
- 占据内存，拟物效果转化为图片将占用大量的加载时间。

图 1-7

2. 扁平化风格

扁平化风格去除了诸如透视、纹理、渐变等冗余、厚重和繁杂的装饰效果，运用抽象、极简和符号化的设计元素进行表现，扁平化图标如图 1-8 所示。

扁平化风格优点如下。

- 高效便捷，扁平化设计具备一致性和适应性，因此设计更加便捷。
- 信息突出，减少用户认知障碍，产品更加易用。
- 简约清晰，比起拟物化设计的沉重，扁平化的轻量设计使界面焕然一新。

扁平化风格缺点如下。

- 缺乏情感，界面传递的情感有时会过于冰冷。
- 不够直观，用户需要一定的学习成本。
- 用户体验降低，扁平化设计的代入感较弱。

图 1-8

1.5 UI 设计的行业发展

国内 UI 设计行业经历了多年的发展，在相关岗位、能力需求以及薪资待遇等方面都产生了巨大的变化。想要进入 UI 设计行业，要先了解 UI 设计行业的现状及发展趋势。

慕课视频

UI 设计的
行业发展

1.5.1 UI 设计行业现状

随着多年的发展，国内 UI 设计的市场规模不断扩大，对 UI 设计师的需求亦不断提高，UI 设计专业人才紧缺。企业需求从原先单一地重视视觉美观度提升到了关注产品整体的用户体验。国内诸如阿里巴巴、腾讯、网易等大型互联网公司，都各自成立了用户体验设计部门，大型互联网公司的用户体验设计部门如图 1-9 所示，吸纳了众多 UI 设计类人才。

图 1-9

1. 地域分布

由于网络发展和人才聚集等原因，我国 UI 设计行业有着明显的地域特征。目前，UI 设计行业发展最为突出的地区依然是北京，其次是上海，广州、深圳与杭州是仅次于北京、上海的热门地区，如图 1-10 所示。

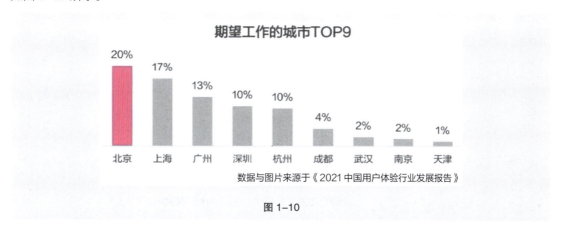

数据与图片来源于《2021 中国用户体验行业发展报告》

图 1-10

2. 企业类型

大部分 UI 设计师都在民营、私企类型公司就业，同时不少传统行业的公司也已经融入了互联网，并开始招聘 UI 设计师，向"互联网 +"的方向发展，如图 1-11 所示。

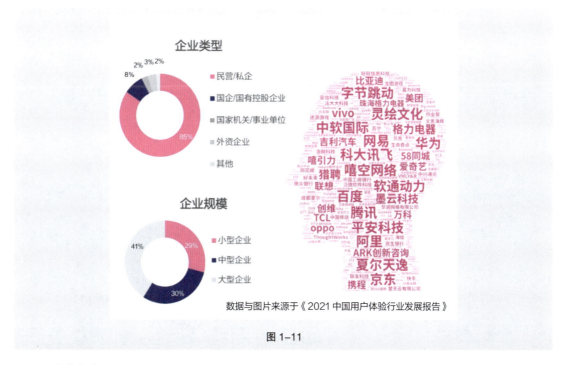

数据与图片来源于《2021 中国用户体验行业发展报告》

图 1-11

3. 岗位细分

得益于 UI 设计行业的快速发展，UI 设计相关的岗位变得越来越细分化，演变出了很多与 UI 设计相关的岗位，如交互设计师、视觉设计师、用户研究员、运营设计师、产品经理等，如图 1-12 所示。

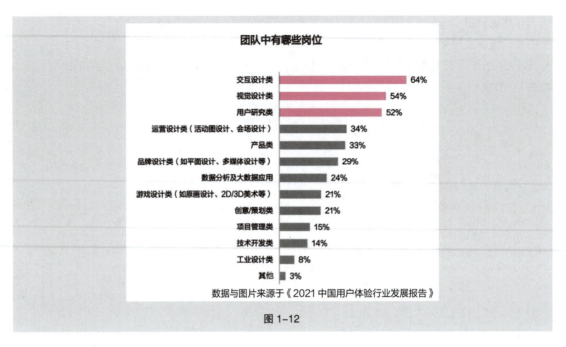

数据与图片来源于《2021中国用户体验行业发展报告》

图 1-12

4. 能力需求

近年来，业界对 UI 设计师的能力需求早已从基础的视觉规范、界面美观上升到了产品的交互设计、用户体验层面，"全栈设计师"和"全链路设计师"的概念亦顺应能力需求的提高而提出。业界对 UI 设计师能力的综合性需求越来越高，如图 1-13 所示。

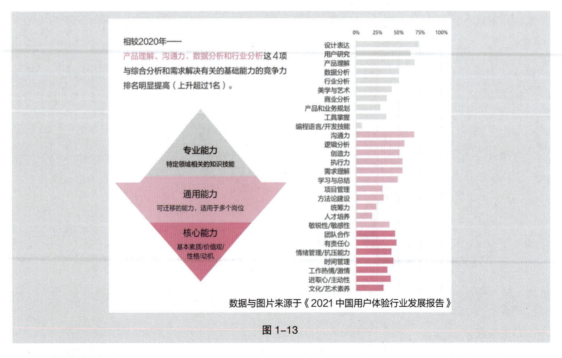

数据与图片来源于《2021中国用户体验行业发展报告》

图 1-13

5. 薪酬待遇

以热门城市为基准，UI 设计师年薪逐年增加，如图 1-14 所示。影响 UI 设计师薪酬待遇的因素主要有岗位类型、学历、经验以及从业年限等。

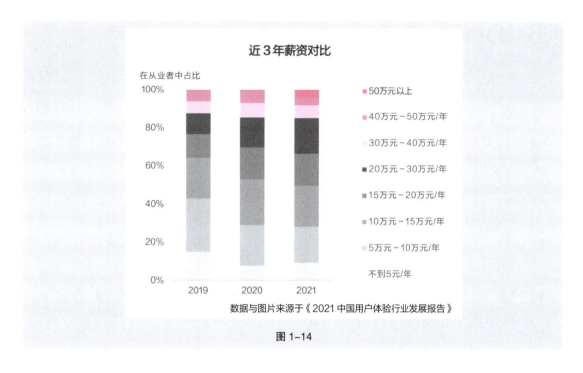

图 1-14

1.5.2 UI 设计发展趋势

从早期的专注于工具的技法型表现，到现在要求 UI 设计师参与整个商业链条，兼顾商业目标和用户体验，可以看出国内的 UI 设计行业发展是跨跃式的。UI 设计从设计风格、技术实现到应用领域都发生了巨大的变化，UI 设计发展趋势如图 1-15 所示。

图 1-15

1. 技术实现

随着科学技术的快速发展，承载 UI 的媒介也由传统的计算机、手机等扩展到可穿戴设备。相信虚拟现实、增强现实及其他人工智能技术的发展，必然会使得 UI 设计更加高效，交互更为丰富，并带来更多的可能性。

2. 设计风格

UI 设计的风格经历了由拟物化到扁平化的转变，现在扁平化风格依然为主流，但加入了材料设计（Material Design）语言，使设计更为醒目、细腻。

3. 应用领域

UI 设计的应用领域已由原先的 PC 端和移动端扩展到可穿戴设备、无人驾驶汽车、AI 机器人等，更为广阔。

今后无论技术如何进步，设计风格如何转变，甚至应用领域如何不同，UI 设计都将参与到产品设计的整个链条中，实现人性化、包容化、多元化。

1.6 UI 设计的学习方法

UI 设计的初学者，首先要明确市场现在到底需要什么样的设计师，这样才能有针对性地学习、提升。结合市场需求，我们推荐下列学习方法。

1. 整体学习

整体学习是指进行相关课程学习及文章学习，针对初学者建议进行课程学习，这样可以系统学习 UI 的相关知识和设计应用方法，UI 设计规范如图 1-16 所示。

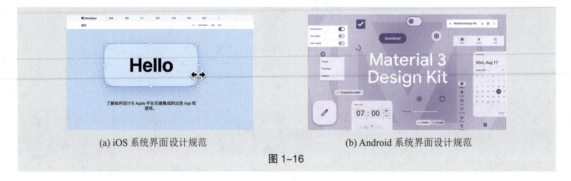

(a) iOS 系统界面设计规范　　　　　　　　(b) Android 系统界面设计规范

图 1-16

2. 作品收集

建议设计师每天拿出 1 ~ 2 小时到 UI 中国、站酷（ZCOOL）、追波（Dribbble）等网站，浏览最新的作品，并将其加入收藏，形成自己的资料库，网站图标如图 1-17 所示。

(a) UI 中国　　　　　　(b) 站酷　　　　　　(c) 追波

图 1-17

3. 项目临摹

项目临摹比较推崇的是从应用中心下载优秀的 App，App 界面如图 1-18 所示，截图保存进行临摹。临摹时一定要保证完全一样并且要多临摹。

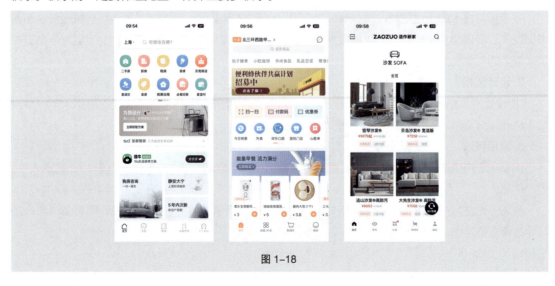

图 1-18

4. 项目实战

经过一定的积累，设计师最好通过一个完整的企业项目来提升能力。从原型图到设计稿再到切图标注，甚至可以制作成动效 Demo，从原型图到设计稿如图 1-19 所示。

图 1-19

第 2 章
图标设计

02

▶ 本章介绍

图标设计是 UI 设计中重要的组成部分，可以帮助用户更好地理解产品的功能，是提升产品用户体验的关键一环。本章对图标的基础知识、设计规范、风格类型以及绘制方法进行系统讲解与演练。通过本章的学习，读者可以对图标设计有一个基本的认识，并快速掌握绘制图标的规范和方法。

学习目标

知识目标

1. 熟悉图标的基础知识

2. 掌握图标的设计规范

3. 明确图标的风格类型

能力目标

1. 明确图标的设计思路

2. 掌握图标的绘制方法

素质目标

1. 培养良好的图标设计习惯

2. 培养对图标的审美鉴赏能力

3. 培养有关图标设计的创意能力

慕课视频

图标设计

2.1 图标的基础知识

本节介绍 UI 图标设计相关的基础知识，包括图标的概念、图标设计的流程以及图标设计的原则。

2.1.1 图标的概念

图标（Icon）是具有明确指代含义的图形。通过将某个词语或概念设计成形象易辨的图标，进而降低用户的理解成本、提高设计的整体美观度，图标在 UI 设计中的使用如图 2-1 所示。图标通常和文本相互搭配使用，两者相互支撑，共同起到传递其中所要表达的内容、信息以及意义的作用。

图 2-1

2.1.2 图标设计的流程

图标设计的流程包括分析调研、寻找隐喻、设计图形、建立风格、细节润色、场景测试等环节，图标设计的流程如图 2-2 所示。

图 2-2

1. 分析调研

图标设计是根据品牌的调性、产品的功能而进行的，不同场景的图标设计方法会有所区别。因此，设计图标之前要先分析需求，确定图标的功能，并进行相关竞品的调研，竞品 UI 如图 2-3 所示，清楚设计方向。

2. 寻找隐喻

隐喻通常表示从一种事物能联想到另一种事物，如谈到家具，会联想到床、衣柜，元素收集如图 2-4 所示。寻找隐喻是图标设计的常用思路，在明确设计方向后，应根据功能，通过头脑风暴找到相关的物品，进行相关元素的收集。

图 2-3   图 2-4

3. 设计图形

图形的设计非常考验图标设计师的基本功。通过隐喻收集相关元素之后，设计师需要绘制一系列草图，提炼并设计出成型的图形，图标草图如图 2-5 所示，并根据图标的规范在计算机上对图形进行微调。

4. 建立风格

目前的图标设计风格还是以拟物化和扁平化两种为主，其中扁平化为当今的流行趋势，如图 2-6 所示。因此我们要结合前期的分析调研，建立符合需求的风格。

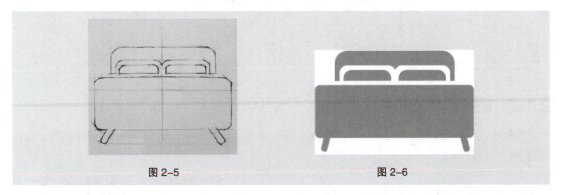

图 2-5   图 2-6

5. 细节润色

细节往往是使产品区别于竞品、建立产品气质的关键。细节润色一般会从颜色、质感甚至造型等方面入手，最终完成体现产品特点的图标设计，图标的细节润色如图 2-7 所示。

6. 场景测试

为了让图标适用于不同场景及不同分辨率的终端，还需要根据规范调整图标的分辨率，具体的规范会在 2.2 节"图标的设计规范"进行深入剖析。在上线前，还要将设计稿在不同的应用场景中进行测试，确保图标的可用性和高识别度，图标场景测试如图 2-8 所示。

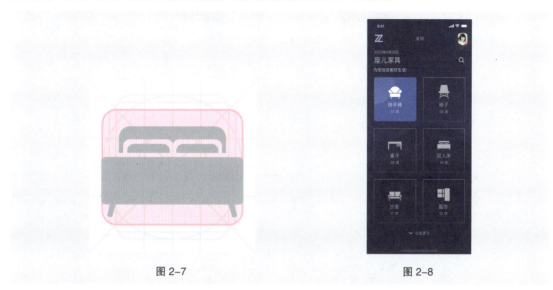

图 2-7   图 2-8

2.1.3   图标设计的原则

图标设计要遵循可识别性、视觉统一、简洁美观、愉悦友好四大原则。

1. 可识别性

（1）造型准。设计图标时通过对信息与图形的理解，进行准确的图标造型，以保证用户理解图标需要传达出来的含义。比如图标在使用从真实世界简化而来的造型时更具有识别度，都表达点赞，左边的图标比右边的图标更具有识别度，如图 2-9 所示。

图 2-9

（2）颜色对。设计图标时通过调整色相、明度、饱和度，使用准确的颜色，以保证图标和背景形成对比。比如图标本身使用黄色，背景通常采用较深的颜色才能使人看得更清楚，同样的图标，黄色与黑色搭配使人更容易识别，如图 2-10 所示，相比于黄色图标搭配白色背景，黄色图标搭配黑色背景更易看清。

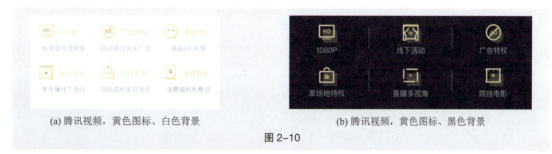

(a) 腾讯视频，黄色图标、白色背景   (b) 腾讯视频，黄色图标、黑色背景

图 2-10

（3）够清晰。设计图标时通过设置坐标位置及尺寸，使用正确的数值，可以保证像素准确以及图标的清晰度。比如图标的坐标位置为整数、尺寸为偶数时图标会更加清晰，如图 2-11 所示，左边

图标像素比右边图标像素清晰。

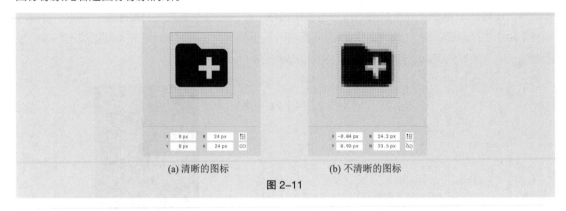

(a) 清晰的图标　　　　　(b) 不清晰的图标

图 2-11

2. 视觉统一

（1）造型统一。图标造型必须要统一，造型统一包括描边一致、倒角一致、留白一致、角度一致以及透视一致等。造型统一会使图标更加精致，如图 2-12 所示，左边图标描边粗细均匀，看起来比右边图标更加精致。

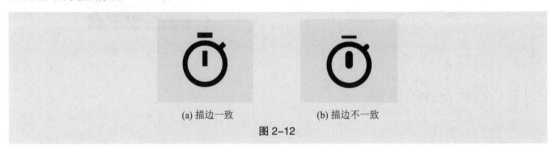

(a) 描边一致　　　　　(b) 描边不一致

图 2-12

（2）风格统一。图标风格必须要统一，在进行设计时，我们通常会先将其中一个图标的风格确立，然后将该风格延续到其他图标，以保证图标风格一致。风格统一会使图标更加整齐，如图 2-13 所示。

| 知识拓展 | 一个图标的用色尽量不要超过 3 种颜色，否则会导致用户视觉混乱。 |

图 2-13

3. 简洁美观

（1）造型简洁。进行图标设计时应减少不必要的细节，降低复杂度，这样设计出的图标才会整体简洁，帮助用户快速识别，如图 2-14 所示。

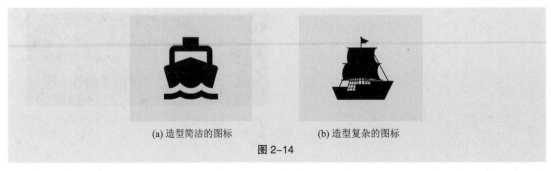

(a) 造型简洁的图标　　　　　(b) 造型复杂的图标

图 2-14

（2）比例协调。设计图标时根据特定的规则进行设计，以保证协调性，这样设计出的图标才会呈现最佳状态。比如当内部图形与外部图形的轮廓比为 1∶2 时，图标的整体视觉效果最为平衡，内部图形与外部图形不同比例的图标，如图 2-15 所示。

图 2-15

（3）风格合理。图标设计使用合理的风格，这样设计出的图标才会更加符合产品需求并提高产品美观度。比如进行旅游出行行业的图标设计时，通常会在扁平化基础面性图标之上再添加其他效果，以此打造出丰富绚丽的图标效果。如图 2-16 所示，使用渐变层次叠加面性图标较单色面性图标更加契合旅游出行产品的特点。

图 2-16

（4）配色科学。图标设计一定要使用科学的配色，这样设计出的图标才会更加符合其含义并加强整体美观性。比如进行"美妆护肤"的图标设计时，通常会选择甜美、温柔的粉色以强调优美感；进行"电脑数码"的图标设计时，通常会选择冷静、中性的蓝色以强调科技感。然后通过明度与纯度的变化，使用独特的颜色打造出精致的图标，如图 2-17 所示。

图 2-17

4. 愉悦友好

（1）品牌感。有时由于表达的意义相同，会导致不同产品中的图标设计显得普通甚至出现雷同，如图 2-18 所示。将品牌融入图标的设计中，可以巧妙地让图标具备差异性，拥有独特的产品气质，避免抄袭情况出现，将品牌融入图标设计的闲鱼 App，如图 2-19 所示。

图 2-18

图 2-19

（2）生命力。在设计图标时注入拟人化的元素，同样会令图标具备差异性。这种充满生命力的设计，会带给用户亲近友好的体验，如图2-20所示。

（3）微交互。在视觉设计的基础之上，为图标添加小动画，形成交互，会令用户感到更加愉悦，如图2-21所示。

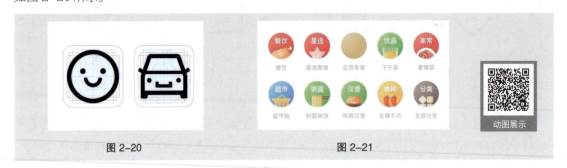

图 2-20   图 2-21

2.2 图标的设计规范

图标的设计规范主要是根据App的iOS和Android两个平台的设计规范而来的。下面从图标的尺寸及单位、图标的视觉统一、图标的清晰度3个方面出发详细讲解图标的设计规范。

慕课视频

图标的设计
规范

2.2.1 图标的尺寸及单位

1. iOS 中图标的尺寸及单位

在iOS中，图标主要分为应用图标和系统图标两种，单位是px和pt。px即"像素"，是按照像素格计算的单位，表示移动设备的实际像素。pt即"点"，是根据内容尺寸计算的单位。使用Photoshop软件设计界面的UI设计师使用的单位都是px，使用Sketch软件设计界面的UI设计师使用的单位都是pt。对于iOS的单位，本书将在3.2.1小节"iOS系统界面的设计规范"中进行深入剖析，以帮助读者理解。

（1）应用图标。应用图标是应用程序的图标，iOS中各类应用图标如图2-22所示。应用图标主要应用于主屏幕、App Store、Spotlight以及设置场景中。

图 2-22

应用图标的设计尺寸可以采用1024px，并根据iOS官方模板进行规范，如图2-23所示。正确的图标设计稿应是直角矩形的，iOS会自动应用一个圆角遮罩将图标的4个角遮住，如图2-24所示。

应用图标会以不同的分辨率出现在主屏幕、聚焦、设置以及通知场景中，尺寸也应根据不同设备的分辨率进行适配，iOS系统中不同设备的应用图标尺寸如图2-25所示。

（2）系统图标。系统图标即界面中的功能图标，主要应用于导航栏、工具栏以及标签栏。当未找到符合需求的系统图标时，UI设计师可以设计自定义图标，如图2-26所示。

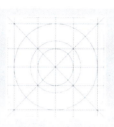

图 2-23

图 2-24

设备名称	应用图标	App Store图标	Spotlight图标	设置图标
iPhone X, 8+, 7+, 6s+, 6s	180px × 180px	1024px × 1024px	120px × 120px	87px × 87px
iPhone X, 8, 7, 6s, 6, SE , 5s, 5c, 5, 4s, 4	120px × 120px	1024px × 1024px	80px × 80px	58px × 58px
iPhone 1, 3G, 3GS	57px × 57px	1024px × 1024px	29px × 29px	29px × 29px
iPad Pro 12.9, 10.5	167px×167px	1024px × 1024px	80px × 80px	58px × 58px
iPad Air 1 &2, mini 2 &4, 3 &4	152px × 152px	1024px × 1024px	80px × 80px	58px × 58px
iPad 1, 2, mini 1	76px × 76px	1024px × 1024px	40px×40px	29px × 29px

图 2-25

图 2-26

　　导航栏和工具栏上的图标尺寸一般是 48px，部分设计会加入边距，尺寸为 56px，加入边距后，方便切图，也能提升触控准确性。标签栏上的图标尺寸一般是 50px。系统图标会以不同的分辨率出现在导航栏、工具栏以及标签栏场景中，图标尺寸也应根据不同设备的分辨率进行适配，如图 2-27 所示。

图 2-27

2. Android 中图标的尺寸及单位

在 Android 中，图标主要分为应用图标和系统图标两种，单位是 dp。dp 是 Android 设备上的基本单位，等同于 iOS 设备上的 pt。Android 开发工程师使用的单位是 dp，所以 UI 设计师在进行标注时应将 px 转化成 dp，公式为 dp = px×160/ppi（ppi 为屏幕像素密度）。本书将在 3.2.2 小节 "Android 系统界面的设计规范" 对其进行深入剖析，以帮助读者理解。

（1）应用图标。应用图标即产品图标，是品牌和产品的视觉表达，主要出现在主屏幕上，Android 中各类应用图标如图 2-28 所示。

图 2-28

创建应用图标时，应以 320dpi（dpi 表示的是 Android 设备每英寸所拥有的像素数量）分辨率中的 48dp 尺寸为基准。应用图标的尺寸应根据不同设备的分辨率进行适配，使用 Android 的不同设备的应用图标尺寸如图 2-29 所示。当应用图标应用于 Google Play 中时，其尺寸是 512 px×512px。

图标单位	mdpi（160dpi）	hdpi（240dpi）	xhdpi（320dpi）	xxhdpi（480dpi）	xxxhdpi（640dpi）
dp	24 dp × 24 dp	36 dp × 36 dp	48 dp × 48 dp	72 dp × 72 dp	96 dp × 96 dp
px	48 px × 48 px	72 px × 72 px	96 px × 96 px	144 px × 144 px	192 px × 192 px

图 2-29

（2）系统图标。系统图标即界面中的功能图标，通过简洁、现代的图形表达一些常见功能。Material Design 提供了一套完整的系统图标，如图 2-30 所示，同时设计师也可以根据产品的调性自定义设计系统图标。

图 2-30

创建系统图标时，以 320dpi 分辨率中的 24dp 尺寸为基准。系统图标的尺寸应根据不同设备的分辨率进行适配，使用 Android 的不同设备的系统图标尺寸如图 2-31 所示。

图标单位	mdpi（160dpi）	hdpi（240dpi）	xhdpi（320dpi）	xxhdpi（480dpi）	xxxhdpi（640dpi）
dp	12 dp × 12 dp	18 dp × 18 dp	24 dp × 24 dp	36 dp × 36 dp	48 dp × 48 dp
px	24 px × 24 px	36 px × 36 px	48 px × 48 px	72 px × 72 px	196 px × 196 px

图 2-31

2.2.2　图标的视觉统一

Material Design 语言提供了 4 种不同的图标形状供 UI 设计师参考，以保持视觉统一，如图 2-32 所示。

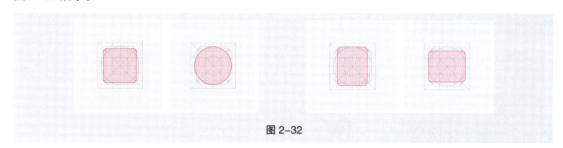

图 2-32

边角：边角半径默认为 2dp。内角应该使用方形而不要使用圆形，圆角建议使用 2dp，如图 2-33 所示。

描边：系统图标应使用 2dp 的描边以保持图标的一致性，如图 2-34 所示。

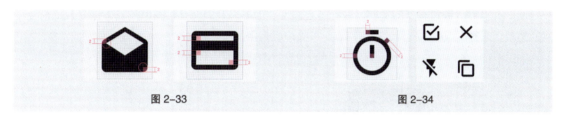

图 2-33　　　　　　　　　　　　　图 2-34

描边末端：描边末端应该是直线并带有角度，留白区域的描边也应该是 2dp。描边如果是倾斜 45°，那么末端应该也以倾斜 45° 为结束，如图 2-35 所示。

视觉校正：如果系统图标需要设计复杂的细节，则可以进行细微的调整以提高其清晰度，如图 2-36 所示。

图 2-35　　　　　　　　　　　　　图 2-36

2.2.3　图标的清晰度

设计时为保证图标清晰，需将软件中 x 轴和 y 轴坐标设为整数，而不是小数，将图标"放在像素上"，如图 2-37 所示。

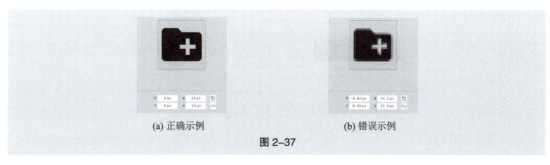

(a) 正确示例　　　　　　　　　　(b) 错误示例

图 2-37

根据风格类型划分，图标可以分为拟物化风格、扁平化风格、3D 风格及 2.5D 风格。

慕课视频

图标的风格
类型

2.3.1 拟物化风格

拟物化风格的图标贴近现实，带有渐变、高光、阴影等效果，如图 2-38 所示。在"iOS 6 时代"拟物风格达到了流行的巅峰，之后逐渐被扁平化风格赶超，现常用于工具类、游戏类等的应用图标。

2.3.2 扁平化风格

扁平化风格图标与拟物化风格图标不同，很少有渐变、高光、阴影等效果，如图 2-39 所示。扁平化风格自 2013 年 iOS 7 推出，如今成了设计的主流趋势。扁平化风格图标可以分为线性、面性以及线面 3 种类型。经过多年的发展，设计师在线性、面形以及线面 3 种类型的基础上又设计衍生了其他类型。这些类型形式各异、富有特点，并被广泛运用。

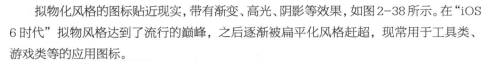

图 2-38   图 2-39

线性图标通过统一的线条进行绘制，以表达图标的功能，如图 2-40 所示。该类图标具有形象简约、设计轻盈的特点，会呈现出干净的视觉效果。同时由于线性图标中使用的元素本身的简单性，亦会产生设计师创作空间缩小等问题，并且在制作复杂线性图标时会产生识别度降低等现象。线性图标的使用场景非常丰富，其作为页面的功能图标常用于导航栏、金刚区、列表流、分类区、局部操作、标签栏等。

图 2-40

面性图标即填充图标，如图 2-41 所示。面性图标由于占用的视觉面积要比线性图标占用的多，所以具有整体饱满、视觉突出的特点，能够帮助用户快速进行图标的位置定位。但面性图标不宜在界面中大面积出现，否则会产生界面过于臃肿、用户视觉疲劳等问题。面性图标的使用场景与线性图标的同样丰富，常用于页面的核心业务，如金刚区、内容装饰、标签栏、列表流等。

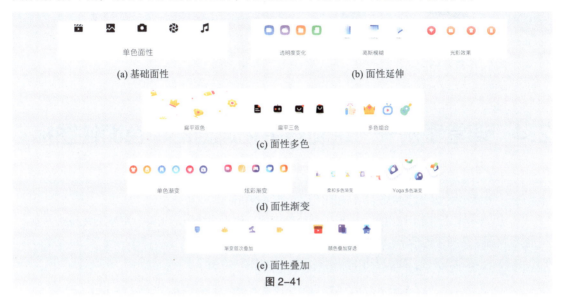

图 2-41

线面图标是线性图标和面性图标的结合，如图 2-42 所示。线面图标由于兼具线性图标和面性图标两种图标的优势，所以具有生动有趣、俏皮可爱的特点。通过对线面比例的不同把控，线面图标能够呈现出不同的视觉效果。但线面图标由于自身特点，会有一定的局限性，并不能适用于大部分产品。线面图标的使用场景比较独特，常用于趣味类产品、弹窗、空页面、引导页等。

图 2-42

2.3.3　3D 风格

3D 风格的图标立体、有层次感，由若干几何多边体构成，如图 2-43 所示。其制作软件通常为 3ds Max 和 C4D，并常用于游戏中。

2.3.4　2.5D 风格

2.5D 风格的图标由物体的正面、光面和暗面 3 面组成，是一种模拟 3D 效果的图标，如图 2-44

所示。其制作软件通常为 Illustrator，并常用于引导页、空状态以及弹窗中。

图 2-43　　　　　　　　　　　　图 2-44

2.4　课堂案例——绘制扁平化风格的单色面性图标

【案例学习目标】学习使用不同的图形工具绘制图标。

【案例知识要点】使用圆角矩形工具绘制床体，使用圆角矩形工具、矩形工具和减去顶层形状命令绘制其他部分，效果如图 2-45 所示。

【案例环境展示】实际应用中案例展示效果如图 2-46 所示。

【效果所在位置】云盘 /Ch02/ 绘制扁平化风格的单色面性图标 / 工程文件 .psd。

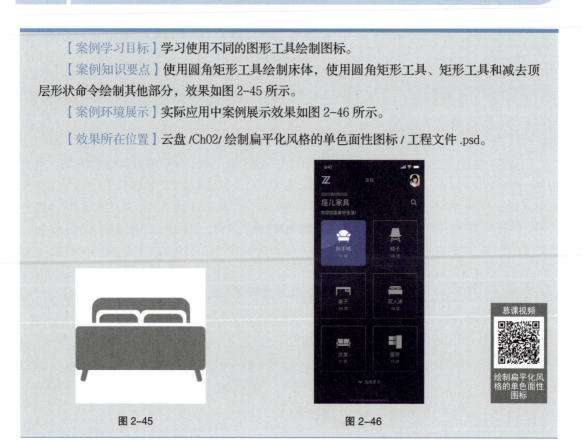

图 2-45　　　　　　　　　　　　图 2-46

慕课视频

绘制扁平化风格的单色面性图标

具体步骤如下。

（1）按 Ctrl+N 组合键，弹出"新建文档"对话框，将"宽度"设为 512 像素，"高度"设为 512 像素，"分辨率"设为 72 像素 / 英寸，"背景内容"设为白色，如图 2-47 所示。单击"创建"按钮，完成文档新建。

（2）选择"圆角矩形"工具，在属性栏的"选择工具模式"选项中选择"形状"，将"填充"颜色设为灰色（158、158、158），"半径"选项设置为 15 像素。在图像窗口中适当的位置绘制圆角矩形，如图 2-48 所示，在"图层"控制面板中生成新的形状图层"圆角矩形 1"。

（3）选择"窗口"→"属性"命令，弹出"属性"面板，在面板中进行设置，如图 2-49 所示，效果如图 2-50 所示。

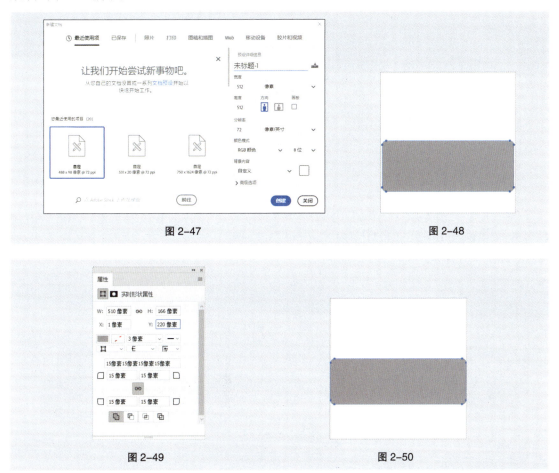

图 2-47

图 2-48

图 2-49

图 2-50

（4）选择"圆角矩形"工具 ▢.，在属性栏中，将"半径"选项设置为 40 像素，在图像窗口中适当的位置绘制圆角矩形，在"图层"控制面板中生成新的形状图层"圆角矩形 2"。在"属性"面板中进行其他设置，如图 2-51 所示，效果如图 2-52 所示。

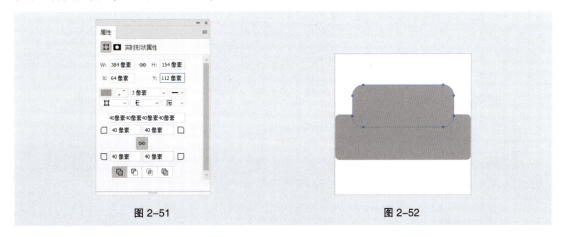

图 2-51

图 2-52

（5）选择"矩形"工具 ▢.，在按住 Alt 键的同时，在图像窗口中适当的位置绘制矩形，如图 2-53 所示。在"属性"面板中进行设置，如图 2-54 所示，效果如图 2-55 所示。

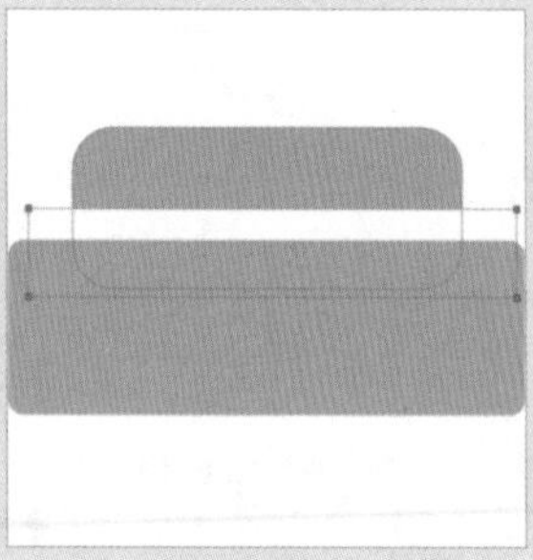

图 2-53

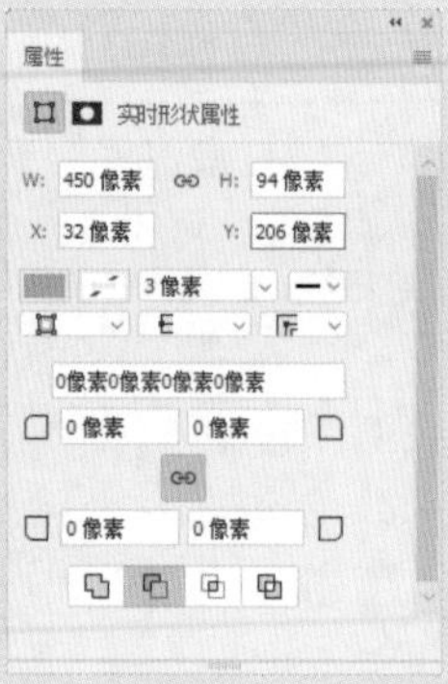

图 2-54

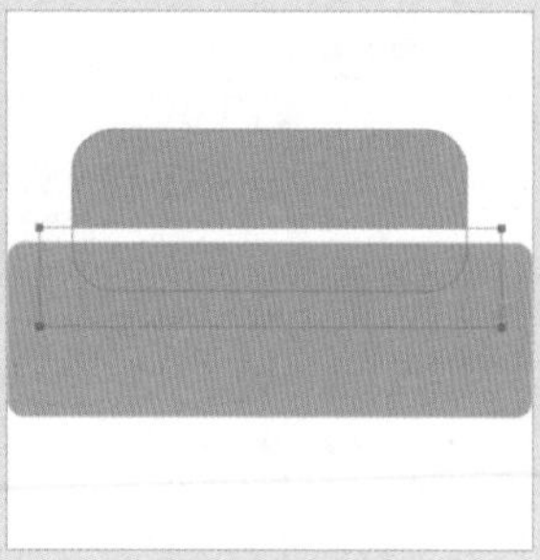

图 2-55

（6）选择“圆角矩形”工具□，在属性栏中，将“半径”选项设置为 24 像素。在按住 Alt 键的同时，在图像窗口中适当的位置绘制圆角矩形，效果如图 2-56 所示。在“属性”面板中进行其他设置，如图 2-57 所示，效果如图 2-58 所示。

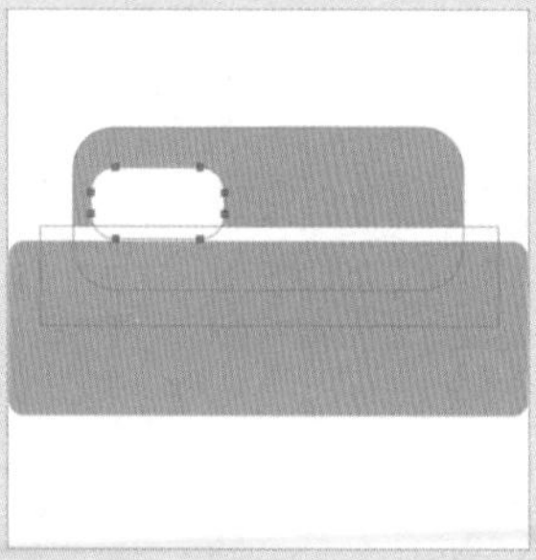

图 2-56

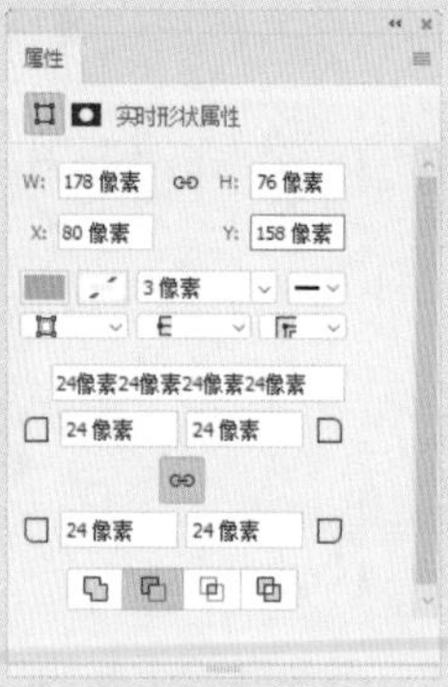

图 2-57

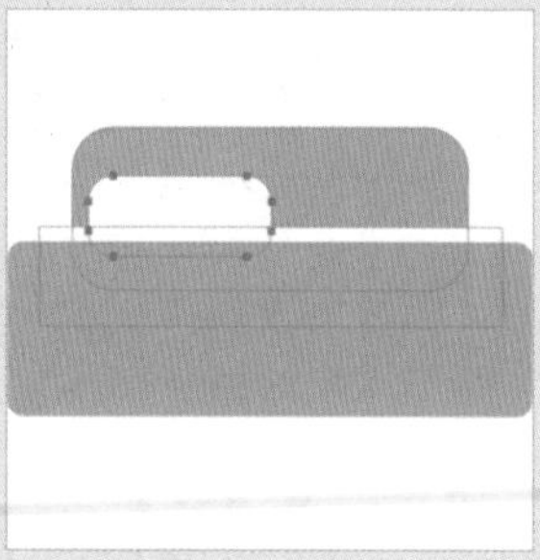

图 2-58

（7）选择“路径选择”工具▶，在按住 Alt+Shift 组合键的同时，选中圆角矩形，在图像窗口中将其向右拖曳，进行复制，如图 2-59 所示。在“属性”面板中进行设置，如图 2-60 所示，效果如图 2-61 所示。

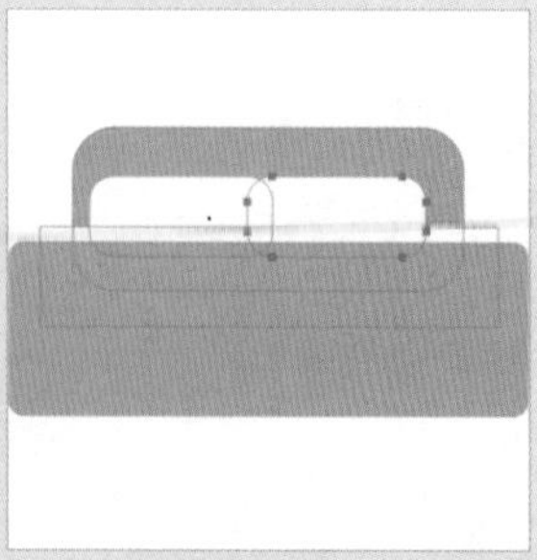

图 2-59

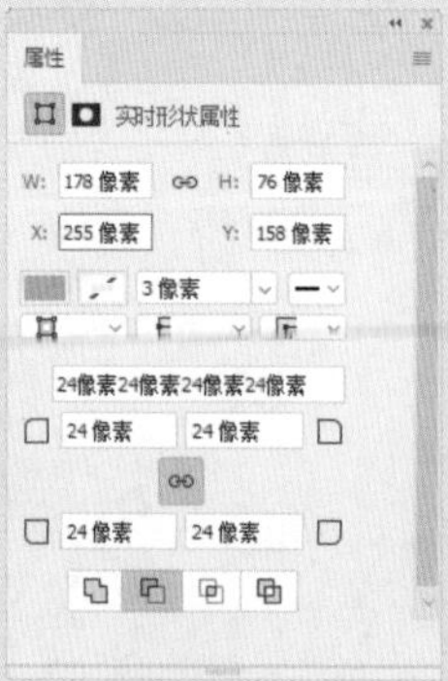

图 2-60

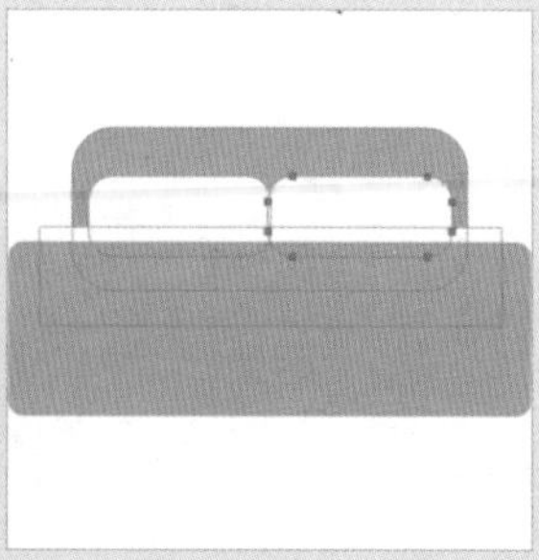

图 2-61

（8）选择“圆角矩形”工具□，在属性栏中将“半径”选项设置为 25 像素，在图像窗口中适当的位置绘制圆角矩形，如图 2-62 所示，在"图层"控制面板中生成新的形状图层"圆角矩形 3"。在"属性"面板中进行其他设置，如图 2-63 所示，效果如图 2-64 所示。

图 2-62　　　　　　　　图 2-63　　　　　　　　图 2-64

（9）选择"矩形"工具 囗.，在按住 Alt 键的同时，在图像窗口中适当的位置绘制矩形，效果如图 2-65 所示。在"属性"面板中进行设置，如图 2-66 所示，效果如图 2-67 所示。

图 2-65　　　　　　　　图 2-66　　　　　　　　图 2-67

（10）将"圆角矩形 3"图层拖曳到"图层"控制面板下方的"创建新图层"按钮 回 上进行复制，生成新的图层"圆角矩形 3 拷贝"，如图 2-68 所示。选择"移动"工具 ✛.，拖曳复制的图形到适当的位置，效果如图 2-69 所示。

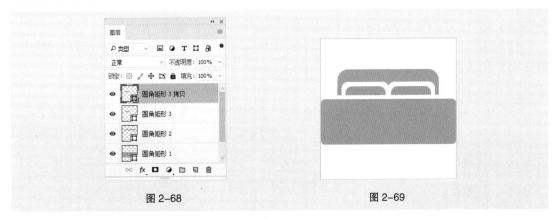

图 2-68　　　　　　　　　　　　　图 2-69

（11）选择"圆角矩形"工具 囗.，在属性栏中将"半径"选项设置为 6 像素，在图像窗口中适当的位置绘制圆角矩形，效果如图 2-70 所示，在"图层"控制面板中生成新的形状图层"圆角矩形

4"。在"属性"面板中进行其他设置，如图 2-71 所示，效果如图 2-72 所示。

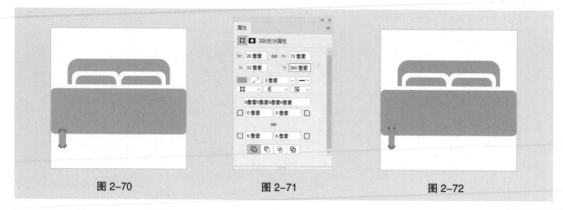

图 2-70   图 2-71   图 2-72

（12）按 Ctrl+T 组合键，在图形周围出现变换框，将鼠标指针放在变换框的右下角控制手柄，鼠标指针变为旋转图标 ↲。在按住 Shift 键的同时，拖曳鼠标将图形旋转 15°，按 Enter 键确定操作，效果如图 2-73 所示。

（13）将"圆角矩形 4"图层拖曳到"图层"控制面板下方的"创建新图层"按钮 ◻ 上进行复制，生成新的图层"圆角矩形 4 拷贝"，如图 2-74 所示。选择"移动"工具 ✛，在按住 Shift 键的同时，拖曳复制的图形到适当的位置。选择"编辑"→"变换"→"水平翻转"命令，效果如图 2-75 所示。

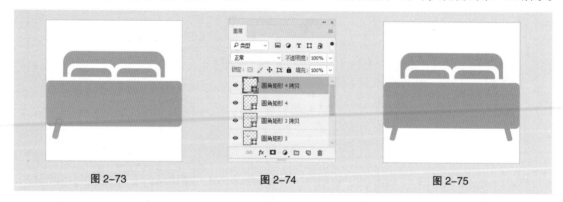

图 2-73   图 2-74   图 2-75

（14）在"图层"控制面板中，选中"圆角矩形 1"图层，将其拖曳到"圆角矩形 4"图层的下方，调整图层顺序，如图 2-76 所示。选中"圆角矩形 4 拷贝"图层，在按住 Shift 键的同时，单击"圆角矩形 2"图层，将需要的图层同时选取，按 Ctrl+E 组合键，合并图层，如图 2-77 所示。

（15）单击"背景"图层左侧的眼睛图标 ◉，将图层隐藏，效果如图 2-78 所示，扁平化风格 - 单色面性图标制作完成。

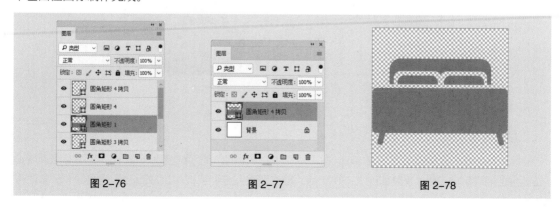

图 2-76   图 2-77   图 2-78

2.5 课堂练习

2.5.1 课堂练习——绘制扁平化风格的不透明色块面性图标

【案例学习目标】学习使用不同的图形工具绘制图标。

【案例知识要点】使用椭圆工具绘制灯泡主体，使用圆角矩形工具和多边形工具绘制其他部分，效果如图 2-79 所示。

【案例环境展示】实际应用中案例展示效果如图 2-80 所示。

【效果所在位置】云盘 /Ch02/ 绘制扁平化风格的不透明色块面性图标 / 工程文件 .psd。

图 2-79

图 2-80

慕课视频

绘制扁平化风格的不透明色块面性图标

2.5.2 课堂练习——绘制扁平化风格的微渐变面性图标

【案例学习目标】学习使用不同的图形工具绘制图标。

【案例知识要点】使用渐变叠加命令绘制背景，使用多边形工具、圆角矩形工具、矩形工具、椭圆工具和合并形状命令、减去顶层形状命令绘制其他部分，使用添加图层蒙版命令和画笔工具擦除不需要的部分。效果如图 2-81 所示。

【案例环境展示】实际应用中案例展示效果如图 2-82 所示。

【效果所在位置】云盘 /Ch02/ 绘制扁平化风格的微渐变面性图标 / 工程文件 .psd。

图 2-81

图 2-82

2.6 课后习题

2.6.1 课后习题——绘制扁平化风格的光影效果图标

【案例学习目标】学习使用不同的图形工具绘制图标。

【案例知识要点】使用渐变叠加命令绘制背景，使用圆角矩形工具、矩形工具、椭圆工具和合并形状命令、减去顶层形状命令绘制其他部分，使用剪切蒙版命令置入渐变效果。效果如图 2-83 所示。

【案例环境展示】实际应用中案例展示效果如图 2-84 所示。

【效果所在位置】云盘 /Ch02/ 绘制扁平化风格的光影效果图标 / 工程文件 .psd。

图 2-83　　　　　　　　　　图 2-84

2.6.2 课后习题——绘制扁平化风格的折纸投影图标

【案例学习目标】学习使用不同的图形工具绘制图标。

【案例知识要点】使用渐变叠加命令绘制背景，使用圆角矩形工具、矩形工具、椭圆工具和减去顶层形状命令绘制其他部分，使用剪切蒙版命令置入渐变效果。效果如图 2-85 所示。

【案例环境展示】实际应用中案例展示效果如图 2-86 所示。

【效果所在位置】云盘 /Ch02/ 绘制扁平化风格的折纸投影图标 / 工程文件 .psd。

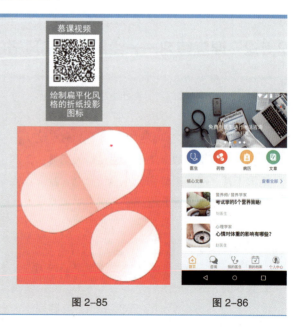

图 2-85　　　　　　　　　　图 2-86

03

第3章

App 界面设计

▶ **本章介绍**

　　界面设计是 UI 设计中重要的部分之一。界面是最终呈现给用户的结果，因此界面设计是涉及版面布局、颜色搭配等内容的综合性工作。本章对 App 界面的基础知识、设计规范、App 常用的界面类型以及 App 界面的绘制方法进行系统讲解与演练。通过本章的学习，读者可以对 App 界面设计有一个基本的认识，并快速掌握绘制 App 常用界面的规范和方法。

学习目标

知识目标

1. 熟悉 App 界面的基础知识

2. 掌握 App 界面的设计规范

3. 明确 App 常用的界面类型

慕课视频
App 界面设计

能力目标

1. 明确 App 界面的设计思路

2. 掌握 App 闪屏页的绘制方法

3. 掌握 App 引导页的绘制方法

4. 掌握 App 首页的绘制方法

5. 掌握 App 个人中心页的绘制方法

6. 掌握 App 详情页的绘制方法

7. 掌握 App 注册登录页的绘制方法

素质目标

1. 培养良好的 App 界面设计习惯

2. 培养对 App 界面的审美鉴赏能力

3. 培养有关 App 界面设计的创意能力

3.1 App 界面的基础知识

本节介绍与 App 相关的基础知识，包括 App 的概念、App 界面设计的流程以及 App 界面设计的原则。

慕课视频

App 界面的
基础知识

3.1.1 App 的概念

App 是 Application（应用程序）的缩写，一般指智能手机的第三方应用程序，紫禁城 365 App 界面如图 3-1 所示。用户主要从应用商店下载 App，比较常用的应用商店有苹果的 App Store、华为应用市场等。App 的运行与操作系统密不可分，目前主要的智能手机操作系统有苹果公司的 iOS 系统和谷歌公司的 Android 系统。对于 UI 设计师而言，要进行 App 界面设计工作，需要分别学习两大系统的界面设计知识。

图 3-1

3.1.2 App 界面设计的流程

App 界面设计的流程包括分析调研、资料收集、交互设计、交互自查、界面设计、测试验证等环节，如图 3-2 所示。

图 3-2

1. 分析调研

App 界面设计是根据品牌的调性、产品的定位进行的，对于不同应用领域的 App，其设计风格也会有区别。因此，我们在设计之前应该先分析需求，了解用户特征，再进行相关竞品的调研，才能明确设计方向。如图 3-3 所示的 3 款 App 虽然同是旅游类 App，但产品定位不同，因此界面设计风格也有区别。

(a) 马蜂窝   (b) 途牛旅游   (c) 携程旅行

图 3-3

2. 资料收集

根据初步确定的设计方向和界面风格，进行 App 界面相关的资料收集以及整理，为接下来的交互设计做准备。

3. 交互设计

交互设计是对整个 App 界面设计进行初步构思和流程制定的环节。一般需要进行纸面原型设计、架构设计、流程图设计、线框图设计等具体工作，设计过程中的手绘稿如图 3-4 所示。

4. 交互自查

交互设计完成之后，需要进行交互自查，这是整个 App 界面设计流程中非常重要的一个环节，可以在执行界面设计之前检查出是否有遗漏、缺失等细节问题，交互设计自查表如图 3-5 所示。

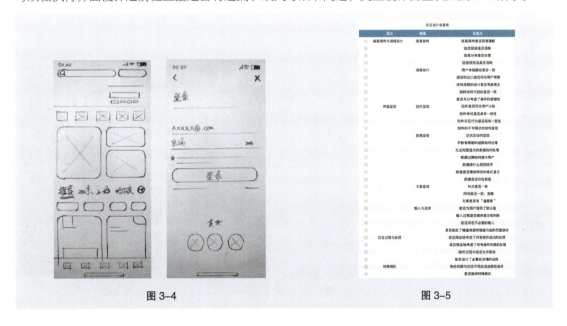

图 3-4   图 3-5

5. 界面设计

自查后就可以进入界面的视觉设计环节，这个环节的设计图效果就是产品最终呈现给用户的界面。界面设计要求设计规范，图片、文字内容真实，并运用墨刀、Principle 等软件制作成可交互的高保真原型，以便后续测试界面时使用，设计完成的界面效果如图 3-6 所示。

6. 测试验证

测试验证是最后一个环节，是为 App 界面优化的重要支撑。测试验证是指让具有代表性的用户进行典型操作，设计人员和开发人员在此环节共同观察、记录，可以对设计的细节进行相关的调整，App 测试验证如图 3-7 所示。在产品正式上线后，设计人员和开发人员通过用户的数据反馈进行记录，验证前期的设计，并继续优化。

图 3-6   图 3-7

3.1.3 App 界面设计的原则

在进行 App 界面设计时，需要遵循 iOS 系统和 Android 系统 Material Design 语言中的界面设计原则。

1. iOS 系统的界面设计原则

iOS 系统界面设计有清晰、遵从、深度三大原则。

（1）清晰。在整个系统界面中，文字在各种尺寸的屏幕上都要清晰易读，图标精确而清晰，装饰精巧且恰当，令用户更易理解功能。可利用负空间、颜色、字体、图形等界面元素巧妙地突出重要内容，并传达交互性，如图 3-8 所示。

（2）遵从。流畅的动画和清晰美观的界面可以帮助用户理解内容并方便互动，也不会干扰用户的使用。内容一般填满整个屏幕，而半透明和模糊效果通常暗示有更多内容。最低限度地使用边框、渐变和阴影可使界面轻盈，同时确保内容明显。如图 3-9 所示，左侧 App 界面中顶部文字在滑

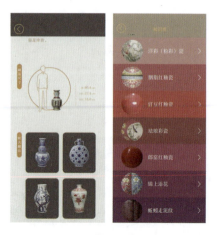

图 3-8

动时采用了半透明效果，暗示用户可以进行滑动来查看更多内容。同时两个 App 界面的渐变、边框以及阴影都不是很明显，界面非常轻盈。

（3）深度。独特的视觉层级和真实的动画效果可以表现出界面的层次结构，赋予界面活力。用户通过触摸和探索发现 App 的功能，不仅会使用户提高兴趣，更方便用户了解功能，还能给用户提供更多的内容。如图 3-10 所示，App 的层次结构是通过点击藏品进行切换带来的。

图 3-9   图 3-10

2. Android 系统 Material Design 语言中的界面设计原则

Material Design 语言有材质隐喻、大胆夸张、动效表意、灵活、跨平台五大原则。

（1）材质隐喻。Material Design 的灵感来自物理世界的事物及其纹理，包括它们如何反射光线和投射阴影等。它对材料表面进行了重新构想，加入了纸张和墨水的特性，如图 3-11 所示。

（2）大胆夸张。Material Design 利用印刷设计中的排版、网格、空间、比例、颜色等来创造视觉层次、视觉意义以及视觉焦点，如图 3-12 所示。

（3）动效表意。Material Design 通过微妙的反馈和平滑的过渡使动效保持连续性。当元素出现在屏幕上时，它们在环境中转换和重组，产生新的变化，如图 3-13 所示。

图 3-11   图 3-12   图 3-13

（4）灵活。Material Design 与自定义代码库集成，允许无缝实现组件、插件和设计元素，如图 3-14 所示。

（5）跨平台。Material Design 使用包括 Android、iOS、Flutter 和 Web 的共享组件跨平台管理，如图 3-15 所示。

图 3-14 图 3-15

3.2 App 界面的设计规范

慕课视频

App 界面的设计规范分为 iOS 系统界面的设计规范和 Android 系统界面的设计规范两部分。

App 界面的设计规范

3.2.1 iOS 系统界面的设计规范

iOS 系统界面的基础设计规范包括单位及尺寸、界面结构、布局、字体 4 个方面。

1. iOS 单位及尺寸

（1）相关单位。

- PPI：像素密度（Pixels Per Inch，PPI）是屏幕分辨率单位，表示的是每英寸的像素数量，PPI 的计算公式如图 3-16 所示，其中 x，y 分别为横向、纵向的像素数。PPI 越大，画面越细腻。iPhone 4 与 iPhone 3GS 屏幕尺寸虽然相同，但 iPhone 4 实际 PPI 大了一倍，清晰度自然变高。

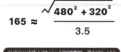

图 3-16

- Asset：比例因子。标准分辨率显示器的比例因子为 1.0，用 @1x 表示。高分辨率显示器具有更高的 PPI，比例因子为 2.0 或 3.0，分别用 @2x 和 @3x 表示。一个 10px×10px 的标准分辨率（@1x）图像，该图像的 @ 2x 版本为 20px×20px，@ 3x 版本为 30px×30px，效果如图 3-17 所示。高分辨率显示器显示的图像需要有更多像素。

图 3-17

- 逻辑像素（Logic Point）和物理像素（Physical Pixel）：逻辑像素单位为 pt，是根据内容尺寸计算的单位。iOS 开发工程师和使用 Sketch 软件设计界面的 UI 设计师使用的单位都是 pt。物理像素单位为 px，是按照像素格计算的单位，表示移动设备的实际像素。使用 Photoshop 软件设计界面的 UI 设计师使用的单位都是 px。

例如，iPhone 14 Pro/15/15 Pro 的逻辑像素是 393pt×852pt，由于视网膜屏幕 PPI 的增加，即 1pt=3px，因此 iPhone 14 Pro/15/15 Pro 的渲染像素是 1179px×2556px，逻辑像素与渲染像素的转换如图 3-18 所示。

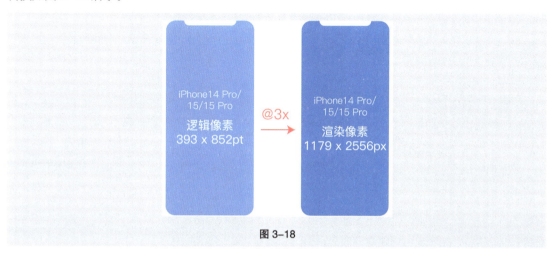

图 3-18

（2）设备尺寸。iOS 常见的设备尺寸如图 3-19 所示。在进行界面设计时，为了适配大部分尺寸，推荐以 iPhone X/XS/11 Pro 或 iPhone 14 Pro/15/15 Pro 为基准。如果使用 Photoshop 就新建 750px×1334px 或 768px×1024px 尺寸的画布，如果使用 Sketch 就新建 375pt×812pt 或 393pt×852pt 尺寸的画布。

设备名称	屏幕尺寸	PPI	Asset	竖屏点（pt）	竖屏分辨率（px）
iphone 14 Pro Max, 15+, 15 Pro Max	6.7in	460	@3x	430 × 932	1290 × 2796
iPhone 14 Pro, 15, 15 Pro	6.1in	460	@3x	393 × 852	1179 × 2556
iPhone 12 Pro Max, 14+, 13 Pro Max	6.7in	460	@3x	428 × 926	1284 × 2778
iPhone 12, 12 Pro, 13, 13 Pro, 14	6.1in	460	@3x	390 × 844	1170 × 2532
iPhone 12, 13 mini	5.4in	476	@3x	375 × 812	1125 × 2436
iPhone XS Max, 11 pro Max	6.5in	458	@3x	414 × 896	1242 × 2688
iPhone XR, 11	6.1in	326	@2x	414 × 896	828 × 1792
iPhone X, XS, 11 pro	5.8in	458	@3x	375 × 812	1125 × 2436
iPhone 8+, 7+, 6s+, 6+	5.5in	401	@3x	414 × 736	1242 × 2208
iPhone 8, 7, 6s, 6	4.7in	326	@2x	375 × 667	750 × 1334
iPhone SE, 5, 5S, 5C	4.0in	326	@2x	320 × 568	640 × 1136
iPhone 4, 4S	3.5in	326	@2x	320 × 480	640 × 960
iPhone 1, 3G, 3GS	3.5in	163	@1x	320 × 480	320 × 480
iPad Pro 12.9	12.9in	264	@2x	1024 × 1366	2048 × 2732
iPad Pro 10.5	10.5in	264	@2x	834 × 1112	1668 × 2224
iPad Pro, iPad Air 2, Retina iPad	9.7in	264	@2x	768 × 1024	1536 × 2048
iPhone Mini 4, iPad Mini 2	7.9in	326	@2x	768 × 1024	1536 × 2048
iPad 1, 2	9.7in	132	@1x	768 × 1024	768 × 1024
iPhone Mini 4, iPad Mini 2	7.9in	326	@2x	768 × 1024	1536 × 2048
iPad 1, 2	9.7in	132	@1x	768 × 1024	768 × 1024
iPhone Mini 4, iPad Mini 2	7.9in	326	@2x	768 × 1024	1536 × 2048
iPad 1, 2	9.7in	132	@1x	768 × 1024	768 × 1024
iPhone Mini 4, iPad Mini 2	7.9in	326	@2x	768 × 1024	1536 × 2048
iPad 1, 2	9.7in	132	@1x	768 × 1024	768 × 1024

图 3-19

2. iOS 界面结构

iOS 界面主要由状态栏、导航栏、安全设计区、标签栏组成，全面屏上市后，还多了虚拟主页键，iOS 界面结构如图 3-20 和图 3-21 所示。

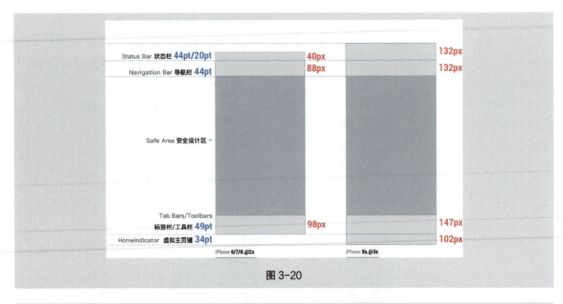

图 3-20

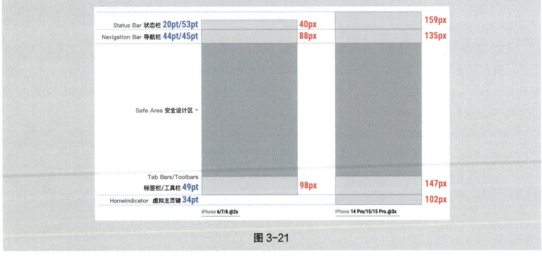

图 3-21

3. iOS 布局

（1）网格系统。网格系统（Grid System），又称为栅格系统，利用一系列垂直和水平的参考线，
将页面分割成若干个有规律的列或格子，这些列或格子形成的系统就是
网格系统。设计师以这些列或格子为基准，进行页面布局设计，使布局
规范、简洁、有秩序，如图 3-22 所示。

（2）组成元素。网格系统由列、水槽以及边距 3 个元素组成，如
图 3-23 所示。列是放置内容的区域。水槽是列与列之间的距离。边距
是内容与屏幕左右边缘之间的距离。

（3）网格的运用。

• 单元格：iOS 最小点击区域的尺寸是 44pt×44pt，即 88px（@2x）。
因此，在适用性方面，选择能被 44 和 88 整除的偶数 4 和 8 作为 iOS
最小单元格比较合适。4px 容易将页面切割细碎，所以普通界面设计中
比较推荐使用 8px 作为最小单元格，如图 3-24 所示。

图 3-22

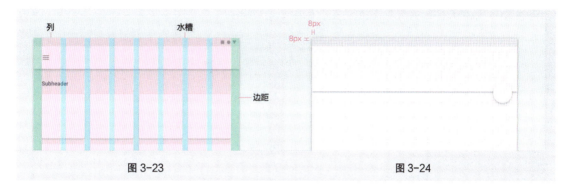

图 3-23   图 3-24

- 列：列的数量有 4、6、8、10、12、24 这几种。其中 4 列通常在 2 等分的简洁页面中使用，6 列、12 列和 24 列基本满足所有等分情况，然而 24 列将页面切割太碎，如图 3-25 所示，因此实际使用时还是以 6 列和 12 列为主。8 列和 10 列可根据实际情况自行选用。

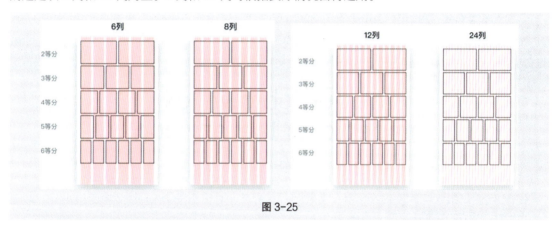

图 3-25

- 水槽：水槽、边距以及横向间距的宽度可以进行统一设置，如最小单元格为 8px，那么宽度可以设置为 24px、32px、40px。其中 32px（16pt@2x）最为常用，如图 3-26 所示。

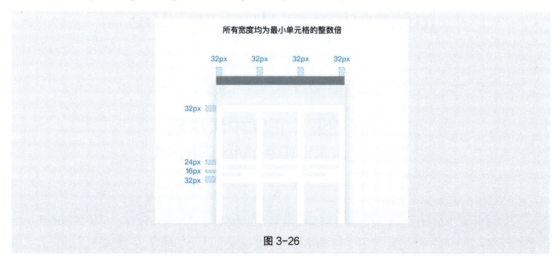

图 3-26

- 边距：边距的宽度可以与水槽的宽度有所区别，在 iOS 中以 @2x 为基准，常见的边距有 20px、24px、30px、32px、40px 以及 50px。边距的选择应结合产品本身的特质，其中 30px 是常用的边距，也是大多数 App 首选的边距，如图 3-27 所示。

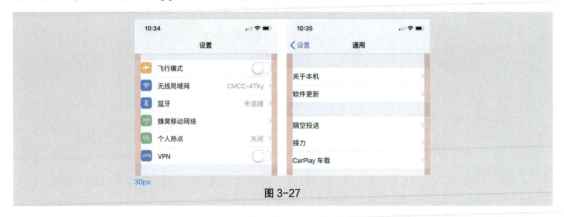

图 3-27

4. iOS 字体

（1）系统字体。旧金山（SF）字体：SF 字体是非衬线字体，如图 3-28 所示。SF 字体有 SF UI Text（文本模式）和 SF UI Display（展示模式）两种尺寸。SF UI Text 适用于小于等于 19pt 的文字，SF UI Display 适用于大于等于 20pt 的文字。

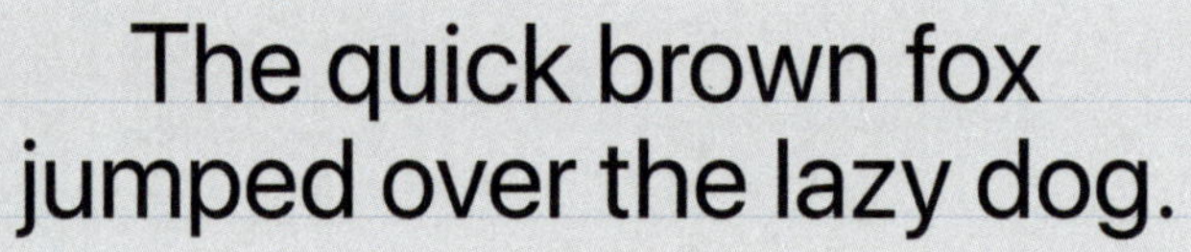

The quick brown fox
jumped over the lazy dog.

图 3-28

纽约字体：纽约字体是衬线字体，如图 3-29 所示。对于小于 20pt 的文字使用小号，对于 20pt ~ 35pt 的文字使用中号，对于 36pt ~ 53pt 的文字使用大号，对于 54pt 或更大的文字使用特大号。

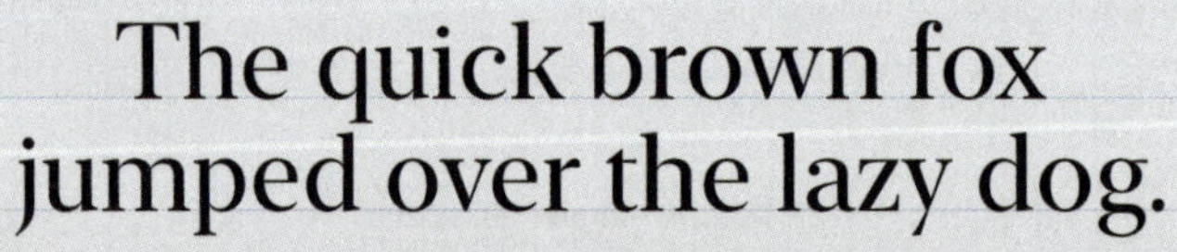

The quick brown fox
jumped over the lazy dog.

图 3-29

苹方字体：在 iOS 中，中文使用的是苹方字体，该字体共有 6 个字重，如图 3-30 所示。

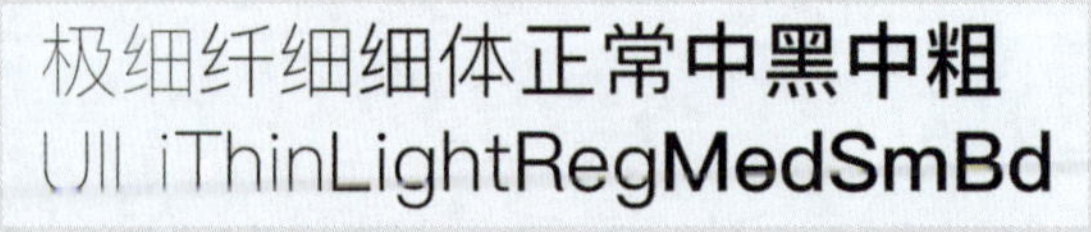

极细纤细细体正常中黑中粗
UIl iThinLightRegMedSmBd

图 3-30

（2）字体大小。进行 iOS 界面设计时要注意字号的大小，如图 3-31 所示。苹果官网的建议全部是针对英文 SF 字体而言的，中文字体需要 UI 设计师灵活运用这些建议，以最终呈现效果的实用性和美观度为基准进行调整。其中 10pt（@2x 为 20px）是手机上显示的最小字号，一般位于标签栏的图标底部。为了区分标题和正文，标题和正文的字号大小差异至少保持在 4px（2pt@2x），正文的合适行间距为 1.5 倍 ~ 2 倍。

位置	字体	字重	字号（逻辑像素）/pt	字号（实际像素）/px	行距	字间距
大标题	SF字体	Regular	34	68	41	+11
标题一	SF字体	Regular	28	56	34	+13
标题二	SF字体	Regular	22	44	28	+16
标题三	SF字体	Regular	20	40	25	+19
头条	SF字体	Semi-Bold	17	34	22	-24
正文	SF字体	Regular	17	34	22	-24
标注	SF字体	Regular	16	32	21	-20
副标题	SF字体	Regular	15	30	20	-16
注解	SF字体	Regular	13	26	18	-6
注释一	SF字体	Regular	12	24	16	0
注释二	SF字体	Regular	11	22	13	+6

图 3-31

3.2.2 Android 系统界面的设计规范

Android 系统界面的设计规范也包括尺寸及单位、界面结构、布局、字体 4 个方面。

1. Android 尺寸及单位

（1）相关单位。

• DPI：网点密度（Dot Per Inch，DPI）是输出分辨率的单位，表示每英寸输出的点数。其在移动设备上等同于 PPI，表示的是每英寸所拥有的像素数量，如图 3-32 所示。通常 PPI 适用于苹果手机，DPI 适用于 Android 手机。

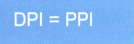

图 3-32

• 独立密度像素（Densty-independent Pixel）与独立缩放像素（Scale-independent Pixel）：独立密度像素（单位为 dp）是 Android 设备的基本单位，等同于苹果设备的 pt。Android 开发工程师使用的单位是 dp，所以 UI 设计师进行标注时应将 px 转化成 dp，公式为 dp×ppi/160 = px。当设备的 DPI 值是 480 时，通过公式可得出 1dp=3px，如图 3-33 所示（类似 iPhone 14 Pro/15/15 Pro 的高清屏）。

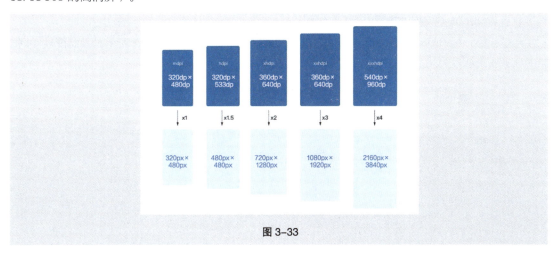

图 3-33

独立缩放像素（单位为sp）是Android设备的字体单位。Android平台允许用户自定义文字大小（小、正常、大、超大等），当文字大小是"正常"时，1sp=1dp，如图3-34所示。而当文字大小是"大"或"超大"时，1sp > 1dp。UI设计师在进行Android界面设计时，标注字体的单位选用sp。

1sp =1dp

图3-34

（2）设备尺寸。Android常见的设备尺寸如图3-35所示。在进行界面设计时，如果想要一稿适配iOS，可以用Photoshop新建720px×1280px或720px×1600px尺寸的画布。如果根据Material Design新规范单独设计Android设计稿，就使用Photoshop新建1080px×1920px或1080px×2400px尺寸的画布。无论哪种需求，使用Sketch新建360dp×640dp或360dp×800dp尺寸的画布即可。其中，在1080px×2400px（也就是360dp×800dp）尺寸的画布上的设计更符合全面屏的设备要求。

名称	像素比	dpi	竖屏点/dp	竖屏分辨率/px
xxxhdpi	4.0	640	540 × 960	2160 × 3840
xxhdpi	3.0	480	360 × 640	1080 × 1920
xhdpi	2.0	320	360 × 640	720 × 1280
hdpi	1.5	240	320 × 533	480 × 800
mdpi	1.0	160	320 × 480	320 × 480

名称	像素比	dpi	竖屏点/dp	竖屏分辨率/px
xxxhdpi	4.0	640	360 × 800	1440 × 3200
xxhdpi	3.0	480	360 × 800	1080 × 2400
xhdpi	2.0	320	360 × 800	720 × 1600

图3-35

2. Android 界面结构

Android界面主要由状态栏、顶部应用栏、安全设计区、底部应用栏、虚拟导航栏组成，其结构如图3-36所示。顶部应用栏分为小顶部应用栏、中顶部应用栏、大顶部应用栏。

图3-36

3. Android 布局

在iOS设计规范中，我们已经剖析了网格系统及其组成元素，因此在Android布局中不赘述，直接分析Android中网格的布局。

● 单元格：Android的最小点击区域的尺寸是48dp×48dp，如图3-37所示，因此能被48整除的偶数4和8作为Android最小单元格比较合适。

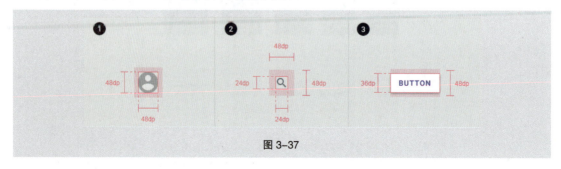

图3-37

所有组件都与 Android 设备的 8dp 网格对齐，如图 3-38 所示。

图标、文字和组件中的某些元素可以与 4dp 网格对齐，如图 3-39 所示。

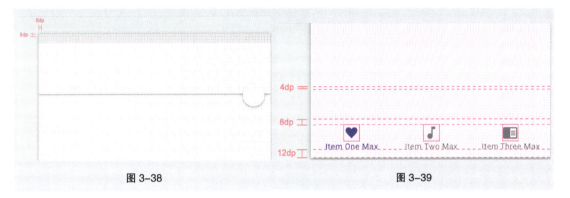

图 3-38　　　　　　　　　　　　图 3-39

- 列：列的数量在手机设备上推荐为 4 列，在平板电脑上推荐为 8 列，如图 3-40 所示。

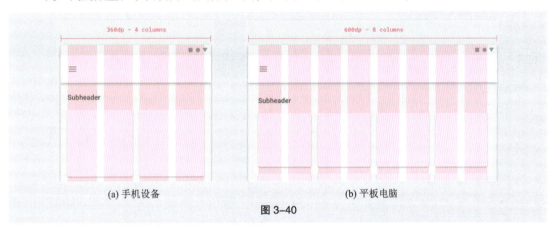

(a) 手机设备　　　　　　　　　　(b) 平板电脑

图 3-40

- 水槽：水槽和边距的宽度在手机设备上推荐为 16dp，在平板电脑上推荐为 24dp，如图 3-41 所示，MD 为材料设计语言（Material Design）的简称。

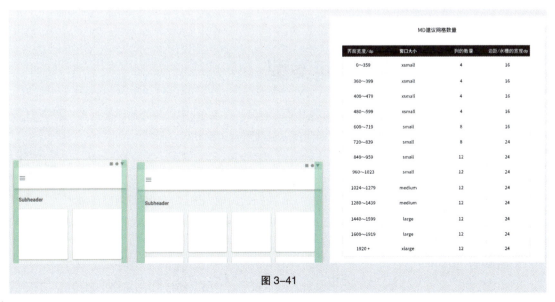

MD建议网格数量

界面宽度/dp	窗口大小	列的数量	边距/水槽的宽度dp
0~359	xsmall	4	16
360~399	xsmall	4	16
400~479	xsmall	4	16
480~599	xsmall	4	16
600~719	small	8	16
720~839	small	8	24
840~959	small	12	24
960~1023	small	12	24
1024~1279	medium	12	24
1280~1439	medium	12	24
1440~1599	large	12	24
1600~1919	large	12	24
1920 +	xlarge	12	24

图 3-41

- 边距：边距的宽度可以和水槽的宽度统一。另外边距的宽度可以根据产品的设计要求和水槽的宽度不同，如图 3-42 所示。当 Android 中边距和水槽的宽度不同时，其宽度的设置具体可以参考 iOS 布局中边距的宽度。

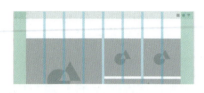

图 3-42

4. Android 字体

（1）系统字体。Android 里的英文使用的是 Roboto 字体，共有 6 个字重。中文使用的是思源黑体，又称为“Source Han Sans”或“Noto”，共有 7 个字重，如图 3-43 所示。

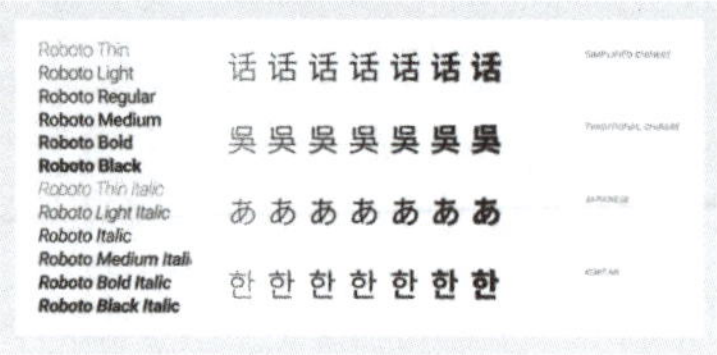

图 3-43

（2）字体大小。Android 界面设计中字号的大小如图 3-44 所示。

Android 各元素以 720px × 1280px 为基准进行设计时，可与 iOS 对应。Android 中常见的字号大小为 24px、26px、28px、30px、32px、34px，36px 等，最小字号为 20px，Android（左）与 iOS（右）的界面如图 3-45 所示。

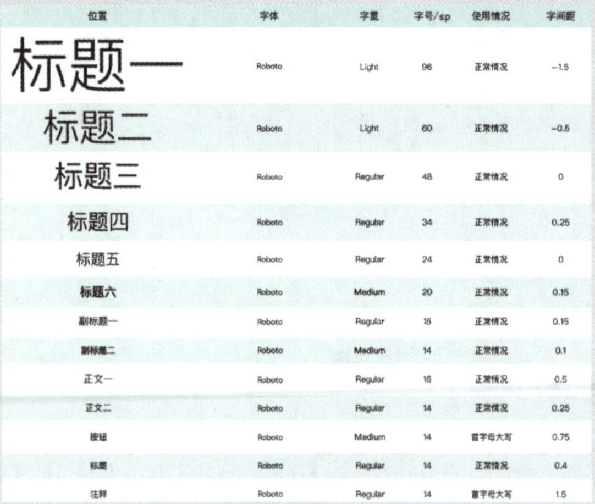

位置	字体	字重	字号/sp	使用情况	字间距
标题一	Roboto	Light	96	正常情况	-1.5
标题二	Roboto	Light	60	正常情况	-0.5
标题三	Roboto	Regular	48	正常情况	0
标题四	Roboto	Regular	34	正常情况	0.25
标题五	Roboto	Regular	24	正常情况	0
标题六	Roboto	Medium	20	正常情况	0.15
副标题一	Roboto	Regular	16	正常情况	0.15
副标题二	Roboto	Medium	14	正常情况	0.1
正文一	Roboto	Regular	16	正常情况	0.5
正文二	Roboto	Regular	14	正常情况	0.25
按钮	Roboto	Medium	14	首字母大写	0.75
标题	Roboto	Regular	14	正常情况	0.4
注释	Roboto	Regular	14	首字母大写	1.5

图 3-44

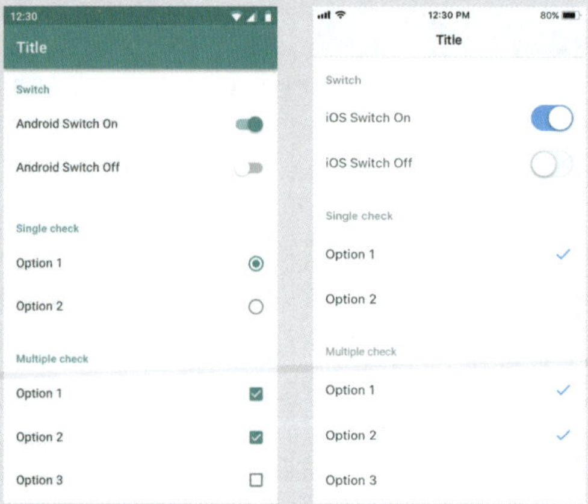

图 3-45

3.3 App 常用的界面类型

界面设计是提升产品的用户体验里非常重要的一环。在 App 中，常见的界面类型有闪屏页、引导页、首页、个人中心页、详情页以及注册登录页等。

慕课视频

App 常用的界面类型

3.3.1 闪屏页

闪屏页又称为“启动页”，是用户点击 App 图标后，预先加载的页面。闪屏页承载了用户对 App 的第一印象，是情感化设计的重要组成部分，具有突出产品、展示营销的作用。闪屏页的分类可以细分为品牌推广型、活动广告型、节日关怀型。

1. 品牌推广型

品牌推广型闪屏页主要用来表现产品品牌，基本采用“产品 logo+ 产品名称 + 宣传语”的简洁化设计形式，如图 3-46 所示。

(a) 知乎　　　　　　　　(b) 酷狗音乐　　　　　　　　(c) 有道翻译官

图 3-46

2. 活动广告型

　　活动广告型闪屏页主要用来推广活动或广告，通常将推广的内容直接设计在闪屏页内，多采用插画和海报的设计形式，常用暖色营造热闹的氛围，如图 3-47 和图 3-48 所示。

(a) 百度网盘活动　　　　　(b) 百度浏览器活动　　　　　(c) 知乎活动

图 3-47

(a)"双 11"广告　　　　　(b) 国庆广告　　　　　(c)"双 12"广告

图 3-48

3. 节日关怀型

节日关怀型闪屏页是为营造节日氛围，同时凸显产品品牌而设定的，多采用"产品 logo+ 内容插画"的设计形式，使用户感到节日相关的关怀与祝福，如图 3-49 和图 3-50 所示。

(a) 闲鱼　　　　　　　　　(b) 墨迹天气　　　　　　　　(c) 口袋兼职

图 3-49

(a) 百度钱包　　　　　　　(b) QQ 音乐　　　　　　　(c) QQ 浏览器

图 3-50

3.3.2　引导页

引导页是用户在第一次打开 App 时或经过更新后打开 App 时看到的一组页面，通常由 3～5 页组成。引导页可以在用户使用 App 之前，帮助用户快速了解 App 的主要功能和特点，具有操作引导、功能讲解的作用。引导页的类型可以细分为功能说明型以及产品推广型。

1. 功能说明型

功能说明型引导页主要用于展示产品的新功能，常出现在 App 版本更新后。其多采用插图的设计形式，达到短时间内吸引用户的目的，高德地图 App 的功能说明型引导页如图 3-51 所示。

图 3-51

2. 产品推广型

产品推广型引导页可表现 App 的价值，让用户更了解这款 App 的理念。其多采用与企业形象和产品风格一致的生动化、形象化的设计形式，让用户看到精美的画面，京东 App 的产品推广型引导页如图 3-52 所示。

图 3-52

3.3.3 首页

首页又称为"起始页"，是用户使用 App 时的第一页。首页承担着流量分发的任务，是展现产品气质的关键页面，可以细分为列表型、网格型、卡片型、综合型 4 种类型。

1. 列表型

列表型首页在页面上将同级别的模块进行分类展示，常用于以数据展示、文字阅读等为主的App。其采用单一的设计形式，方便用户浏览内容，如图 3-53 所示。

2. 网格型

网格型首页在页面上将重要的功能以矩形模块的形式进行展示，常用于工具类 App。其采用统一矩形模块的设计形式，刺激用户点击模块，如图 3-54 所示。

(a) 微信   (b) QQ 邮箱

图 3-53

(a) 天天 P 图   (b) Word   (c) 墨刀

图 3-54

3. 卡片型

卡片型首页在页面上将图片、文字、控件放置于同一张卡片中，再将卡片进行分类展示，常用于数据展示、文字阅读、工具使用结合的 App。其采用统一的卡片设计形式，不仅让用户对产品内容一目了然，更能加强用户对产品内容的点击欲望，如图 3-55 所示。

4. 综合型

综合型首页是由搜索栏、Banner、金刚区、瓷片区以及标签栏等组成的页面，使用范围较广，

常用于电商类、教育类、旅游类等 App。其采用丰富的设计形式，能满足用户的多种需求，如图 3-56
所示。

(a) 知乎　　　　　　　　(b) 微信读书　　　　　　　(c) 有道翻译官

图 3-55

(a) 苏宁易购　　　　　　(b) 途牛旅游　　　　　　　(c) 饿了么

图 3-56

3.3.4　个人中心页

个人中心页是展示个人信息的页面，主要由头像和信息内容组成，具有功能集合、信息集合的
作用，如图 3-57 所示。

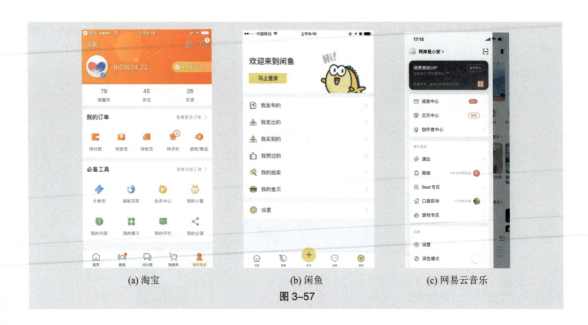

(a) 淘宝　　　　　　　(b) 闲鱼　　　　　　　(c) 网易云音乐

图 3-57

3.3.5　详情页

详情页是展示 App 产品详细信息，使用户产生消费的页面，具有展示产品、促进消费的作用。详情页内容较丰富，以图文信息为主，如图 3-58 所示。

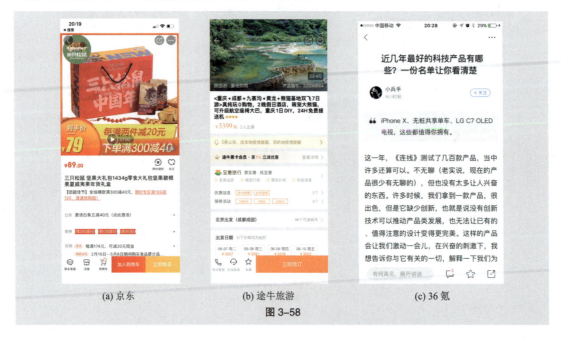

(a) 京东　　　　　　　(b) 途牛旅游　　　　　　　(c) 36氪

图 3-58

3.3.6　注册登录页

注册登录页是电商类、社交类等功能丰富型 App 的必要页面，具有维护用户、深度关联的作用。注册登录页的设计直观简洁，并且提供第三方账号登录，国内常见的第三方账号有微博、微信、QQ 等，如图 3-59 所示。

(a) 考拉海购　　　　　　　　　(b) 智联招聘　　　　　　　　　(c) 36氪

图 3-59

3.4　课堂案例——制作畅游旅游 App

3.4.1　课堂案例——制作畅游旅游 App 闪屏页

【案例学习目标】学习使用移动工具、置入嵌入对象命令和添加图层样式命令制作畅游旅游 App 闪屏页。

【案例知识要点】使用置入嵌入对象命令置入图像，使用颜色叠加命令添加效果，效果如图 3-60 所示。

【效果所在位置】云盘 /Ch03/ 制作畅游旅游 App/ 制作畅游旅游 App 闪屏页 / 工程文件 .psd。

慕课视频

制作畅游旅游
App 闪屏页

图 3-60

具体步骤如下。

（1）按 Ctrl+N 组合键，弹出"新建文档"对话框，将"宽度"设为 750 像素，"高度"设为 1624 像素，"分辨率"设为 72 像素 / 英寸，"背景内容"设为白色，如图 3-61 所示。单击"创建"按钮，完成文档新建。

（2）选择"文件"→"置入嵌入对象"命令，弹出"置入嵌入的对象"对话框。选择云盘中的"Ch03"→"制作畅游旅游 App"→"制作畅游旅游 App 闪屏页"→"素材"→"01"文件，单击"置入"按钮，将图片置入图像窗口中，按 Enter 键确定操作，效果如图 3-62 所示，在"图层"控制面板中生成新的图层并将其命名为"背景图"。

（3）选择"视图"→"新建参考线版面"命令，弹出"新建参考线版面"对话框，设置如图 3-63 所示。单击"确定"按钮，完成参考线版面的创建，效果如图 3-64 所示。

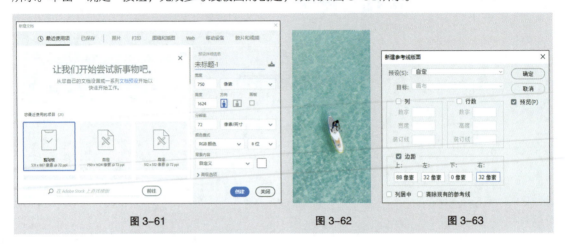

图 3-61   图 3-62   图 3-63

（4）选择"文件"→"置入嵌入对象"命令，弹出"置入嵌入的对象"对话框。选择云盘中的"Ch03"→"制作畅游旅游 App"→"制作畅游旅游 App 闪屏页"→"素材"→"02"文件，单击"置入"按钮，将图片置入图像窗口中，将其拖曳到适当的位置，按 Enter 键确定操作，在"图层"控制面板中生成新的图层并将其命名为"状态栏"。

（5）单击"图层"控制面板下方的"添加图层样式"按钮 fx，在弹出的菜单中选择"颜色叠加"命令，弹出对话框，设置叠加颜色为白色，其他选项的设置如图 3-65 所示，单击"确定"按钮，效果如图 3-66 所示。

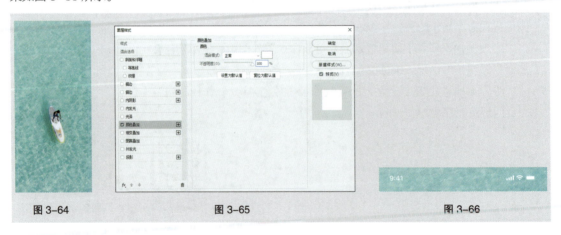

图 3-64   图 3-65   图 3-66

（6）选择"文件"→"置入嵌入对象"命令，弹出"置入嵌入的对象"对话框。选择云盘中的"Ch03"→"制作畅游旅游 App"→"制作畅游旅游 App 闪屏页"→"素材"→"03"文件，单击"置入"按钮，将图片置入图像窗口中，将其拖曳到适当的位置并调整大小，按 Enter 键确定操作，在"图层"控制面板中生成新的图层并将其命名为"Logo"。选择"窗口"→"属性"命令，弹出"属性"面板，在面板中进行设置，如图 3-67 所示，效果如图 3-68 所示。

（7）选择"文件"→"置入嵌入对象"命令，弹出"置入嵌入的对象"对话框。选择云盘中的"Ch03"→"制作畅游旅游 App"→"制作畅游旅游 App 闪屏页"→"素材"→"04"文件，单击"置入"按钮,将图片置入图像窗口中,将其拖曳到适当的位置,按 Enter 键确定操作,在"图层"控制面板中生成新的图层并将其命名为"Home Indicator"。将图层的"不透明度"选项设为 60%,如图 3-69 所示,效果如图 3-70 所示。畅游旅游 App 闪屏页制作完成。

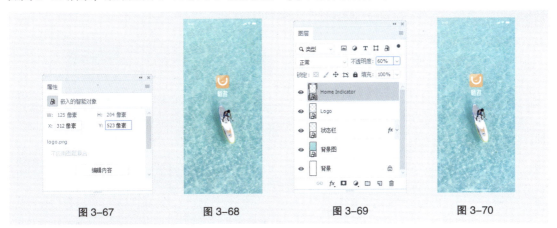

| 图 3-67 | 图 3-68 | 图 3-69 | 图 3-70 |

3.4.2 课堂案例——制作畅游旅游 App 引导页

【案例学习目标】学习使用文字工具、移动工具、置入嵌入对象命令和添加图层样式命令制作畅游旅游 App 引导页。

【案例知识要点】使用置入嵌入对象命令置入图像和图标,使用渐变叠加命令和颜色叠加命令添加效果,使用横排文字工具输入文字,效果如图 3-71 所示。

【效果所在位置】云盘 /Ch03/ 制作畅游旅游 App/ 制作畅游旅游 App 引导页 / 工程文件 1 ~ 3.psd。

图 3-71

具体步骤如下。

(1)按 Ctrl+N 组合键,弹出"新建文档"对话框,将"宽度"设为 750 像素,"高度"设为 1624 像素,"分辨率"设为 72 像素 / 英寸,"背景内容"设为白色,如图 3-72 所示。单击"创建"按钮,完成文档新建。

（2）选择"文件"→"置入嵌入对象"命令，弹出"置入嵌入的对象"对话框。选择云盘中的"Ch03"→"制作畅游旅游 App"→"制作畅游旅游 App 引导页"→"素材"→"01"文件，单击"置入"按钮，将图片置入图像窗口中，将其拖曳到适当的位置并调整大小，按 Enter 键确定操作，效果如图 3-73 所示，在"图层"控制面板中生成新的图层并将其命名为"背景图"。

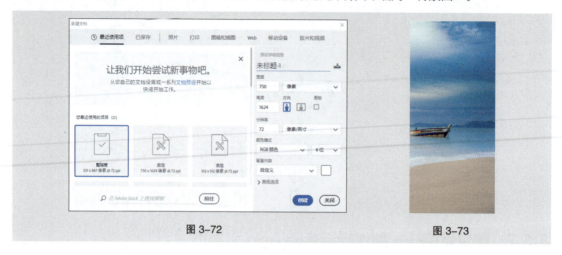

图 3-72　　　　　　　　　　　　　　　　　　　　　　　图 3-73

（3）单击"图层"控制面板下方的"创建新图层"按钮，在"图层"控制面板中生成新的图层"图层 1"。将"前景色"设为黑色，按 Alt+Delete 组合键，为"图层 1"填充前景色。

（4）单击"图层"控制面板下方的"添加图层样式"按钮 fx.，在弹出的菜单中选择"渐变叠加"命令，弹出对话框，单击"渐变"选项右侧的"点按可编辑渐变"按钮，弹出"渐变编辑器"对话框。在"位置"选项中分别输入 0、100 两个位置点，将两个位置点颜色的 RGB 值均设为黑色。设置两个位置点的不透明度值为 0（30%）、100（0%），如图 3-74 所示，单击"确定"按钮。返回到"渐变叠加"选项卡，其他选项的设置如图 3-75 所示，单击"确定"按钮。

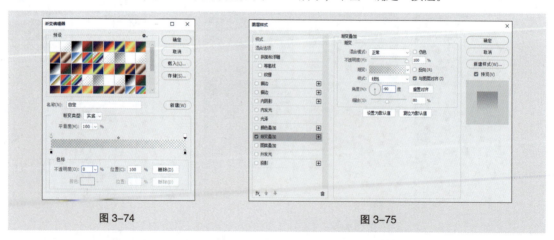

图 3-74　　　　　　　　　　　　　　　　　　　　　　　图 3-75

（5）选择"视图"→"新建参考线版面"命令，弹出"新建参考线版面"对话框，设置如图 3-76 所示。单击"确定"按钮，完成参考线版面的创建，效果如图 3-77 所示。

（6）选择"文件"→"置入嵌入对象"命令，弹出"置入嵌入的对象"对话框。选择云盘中的"Ch03"→"制作畅游旅游 App"→"制作畅游旅游 App 引导页"→"素材"→"02"文件，单击"置入"按钮，将图片置入图像窗口中，将其拖曳到适当的位置，按 Enter 键确定操作，效果如图 3-78

所示，在"图层"控制面板中生成新的图层并将其命名为"状态栏"。

图 3-76   图 3-77   图 3-78

（7）单击"图层"控制面板下方的"添加图层样式"按钮 *fx*，在弹出的菜单中选择"颜色叠加"命令，弹出对话框，设置叠加颜色为白色，单击"确定"按钮。返回到"颜色叠加"选项卡，其他选项的设置如图 3-79 所示，单击"确定"按钮。

（8）选择"视图"→"新建参考线"命令，弹出"新建参考线"对话框，设置如图 3-80 所示。单击"确定"按钮，完成参考线的创建。

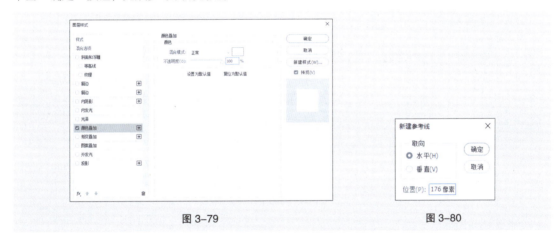

图 3-79   图 3-80

（9）选择"文件"→"置入嵌入对象"命令，弹出"置入嵌入的对象"对话框。选择云盘中的"Ch03"→"制作畅游旅游 App"→"制作畅游旅游 App 引导页"→"素材"→"03"文件，单击"置入"按钮，将图片置入图像窗口中，将其拖曳到适当的位置并调整大小，按 Enter 键确定操作，效果如图 3-81 所示，在"图层"控制面板中生成新的图层并将其命名为"关闭"。按 Ctrl + G 组合键，将图层编组并将其命名为"导航栏"，如图 3-82 所示。

（10）选择"横排文字"工具 T，在适当的位置输入需要的文字并选取文字，选择"窗口"→"字符"命令，弹出"字符"面板，将"颜色"设为白色，其他选项的设置如图 3-83 所示，按 Enter 键确定操作，效果如图 3-84 所示。使用相同的方法，在适当的位置输入需要的文字并设置合适的字体和字号，按 Enter 键确定操作，效果如图 3-85 所示，在"图层"控制面板中分别生成新的文字图层。

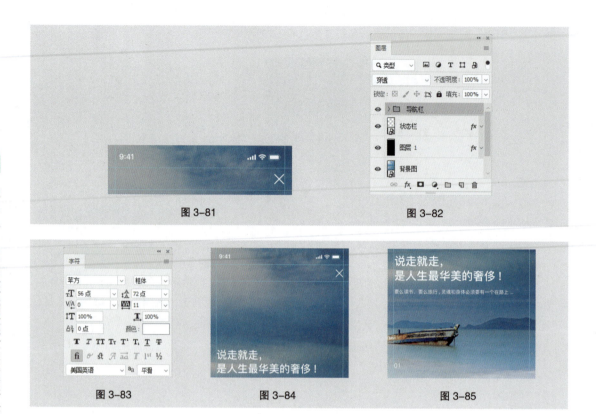

图 3-81　　　　　　　　　　　图 3-82

图 3-83　　　　　　　图 3-84　　　　　　　图 3-85

（11）按 Ctrl + O 组合键，打开云盘中的"Ch03"→"制作畅游旅游 App"→"制作畅游旅游 App 引导页"→"素材"→"04"文件。在"图层"控制面板中，选中"页面控件"图层组，如图 3-86 所示。选择"移动"工具 ⊕，将选取的图层组拖曳到新建的图像窗口中适当的位置，效果如图 3-87 所示。

（12）选择"横排文字"工具 T，在适当的位置输入需要的文字并选取文字。在"字符"面板中，将"颜色"设为白色，并设置合适的字体和字号，按 Enter 键确定操作，在"图层"控制面板中生成新的文字图层。将图层的"不透明度"选项设为 50%，效果如图 3-88 所示。

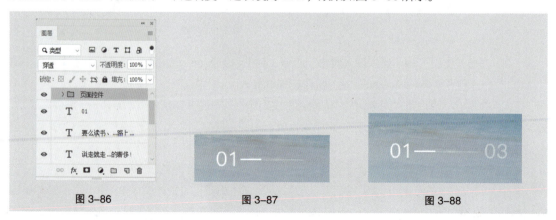

图 3-86　　　　　　　图 3-87　　　　　　　图 3-88

（13）选择"文件"→"置入嵌入对象"命令，弹出"置入嵌入的对象"对话框。选择云盘中的"Ch03"→"制作畅游旅游 App"→"制作畅游旅游 App 引导页"→"素材"→"05"文件，单击"置入"按钮，将图标置入图像窗口中，将其拖曳到适当的位置并调整大小，按 Enter 键确定操作，在"图层"控制面板中生成新的图层并将其命名为"上一页"。设置图层的"不透明度"选项为 50%，如图 3-89 所示。使用相同的方法置入"06"文件，将图标拖曳到适当的位置并调整大小，按 Enter 键确定操作，在"图层"控制面板中生成新的图层并将其命名为"下一页"，如图 3-90 所示，效果如图 3-91 所示。

图 3-89　　　　　　　　　图 3-90　　　　　　　　　　　图 3-91

（14）在按住 Shift 键的同时，单击"说走就走 … 的奢侈！"图层，将需要的图层同时选取。按 Ctrl+G 组合键，编组图层并将其命名为"内容区"。

（15）选择"文件"→"置入嵌入对象"命令，弹出"置入嵌入的对象"对话框。选择云盘中的"Ch03"→"制作畅游旅游 App"→"制作畅游旅游 App 引导页"→"素材"→"07"文件，单击"置入"按钮，将图片置入图像窗口中，将其拖曳到适当的位置，按 Enter 键确定操作，在"图层"控制面板中生成新的图层并将其命名为"Home Indicator"。将图层的"不透明度"选项设为 60%，如图 3-92 所示，效果如图 3-93 所示。畅游旅游 App 引导页 1 制作完成，将文件保存。

（16）使用上述的方法制作引导页 2 和引导页 3，效果如图 3-94 和图 3-95 所示，畅游旅游 App 引导页制作完成。

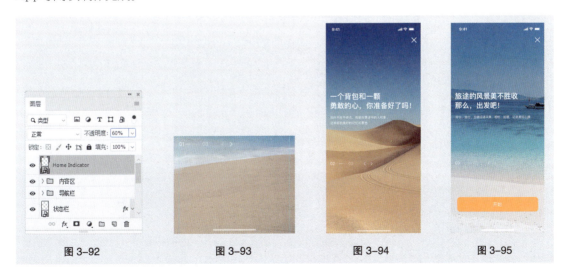

图 3-92　　　　　　　　图 3-93　　　　　　　　图 3-94　　　　　　　　图 3-95

3.4.3 课堂案例——制作畅游旅游 App 首页

【案例学习目标】学习使用形状工具、文字工具、创建剪贴蒙版命令和添加图层样式命令制作畅游旅游 App 首页。

【案例知识要点】使用圆角矩形工具、矩形工具和椭圆工具绘制形状，使用置入嵌入对象命令置入图片和图标，使用创建剪贴蒙版命令调整图片显示区域，使用渐变叠加命令添加效果，使用蒙版制作弥散投影，使用横排文字工具输入文字，效果如图 3-96 所示。

【效果所在位置】云盘 /Ch03/ 制作畅游旅游 App/ 制作畅游旅游 App 首页 / 工程文件 .psd。

慕课视频
制作畅游旅游
App 首页 1

慕课视频
制作畅游旅游
App 首页 2

慕课视频
制作畅游旅游
App 首页 3

图 3-96

具体步骤如下。

1. 制作 Banner、状态栏、导航栏和滑动轴

（1）按 Ctrl+N 组合键，弹出"新建文档"对话框，将"宽度"设为 750 像素，"高度"设为 2086 像素，"分辨率"设为 72 像素 / 英寸，"背景内容"设为浅灰色（249、249、249），如图 3-97 所示。单击"创建"按钮，完成文档新建。

（2）选择"视图"→"新建参考线版面"命令，弹出"新建参考线版面"对话框，设置如图 3-98 所示。单击"确定"按钮，完成参考线版面的创建。

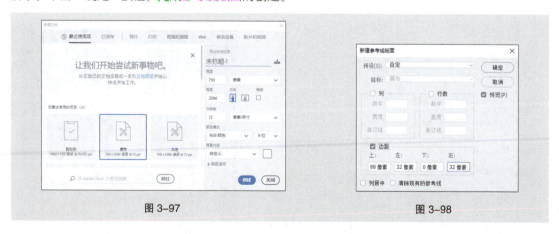

图 3-97　　　　　　　　　　　　　　　　　　　　图 3-98

（3）选择"圆角矩形"工具 ▢，在属性栏的"选择工具模式"选项中选择"形状"，将"填充"颜色设为黑色，"描边"颜色设为无，"半径"选项设为 40 像素。在图像窗口中适当的位置绘制圆角矩形，在"图层"控制面板中生成新的形状图层"圆角矩形 1"。选择"窗口"→"属性"命令，

弹出"属性"面板，设置如图 3-99 所示，按 Enter 键确定操作，效果如图 3-100 所示。

（4）选择"文件"→"置入嵌入对象"命令，弹出"置入嵌入的对象"对话框。选择云盘中的"Ch03"→"制作畅游旅游 App"→"制作畅游旅游 App 首页"→"素材"→"01"文件，单击"置入"按钮，将图片置入图像窗口中并拖曳到适当的位置，按 Enter 键确定操作，在"图层"控制面板中生成新的图层并将其命名为"底图"。按 Alt+Ctrl+G 组合键，为图层创建剪贴蒙版，效果如图 3-101 所示。

图 3-99   图 3-100   图 3-101

（5）选择"文件"→"置入嵌入对象"命令，弹出"置入嵌入的对象"对话框。选择云盘中的"Ch03"→"制作畅游旅游 App"→"制作畅游旅游 App 首页"→"素材"→"02"文件，单击"置入"按钮，将图片置入图像窗口中并拖曳到适当的位置，按 Enter 键确定操作，在"图层"控制面板中生成新的图层并将其命名为"树"。

（6）单击"图层"控制面板下方的"添加图层样式"按钮 fx ，在弹出的菜单中选择"描边"命令，弹出对话框，设置描边颜色为白色，其他选项的设置如图 3-102 所示，单击"确定"按钮。按 Alt+Ctrl+G 组合键，为"树"图层创建剪贴蒙版，效果如图 3-103 所示。

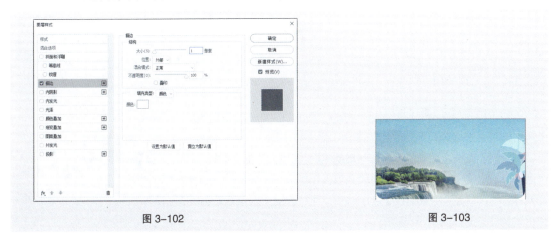

图 3-102   图 3-103

（7）选择"横排文字"工具 T. ，在适当的位置输入需要的文字并选取文字。选择"窗口"→"字符"命令，弹出"字符"面板，将"颜色"设为白色，其他选项的设置如图 3-104 所示，按 Enter 键确定操作，在"图层"控制面板中生成新的文字图层。选中文字"6"，在"字符"面板中进行设置，效果如图 3-105 所示。

（8）按Ctrl+J组合键，复制文字图层，在"图层"控制面板中生成新的文字图层"景点6折起 拷贝"。选择"横排文字"工具 $\boxed{T}$，删除不需要的文字，并调整文字位置，如图3-106所示。在"图层"控制面板中，将图层的"填充"选项设为0%。

<table>
<tr><td>图 3-104</td><td>图 3-105</td><td>图 3-106</td></tr>
</table>

（9）单击"图层"控制面板下方的"添加图层样式"按钮 fx，在弹出的菜单中选择"描边"命令，弹出对话框，设置描边颜色为白色，其他选项的设置如图3-107所示，单击"确定"按钮，效果如图3-108所示。

（10）选择"圆角矩形"工具 $\boxed{\bigcirc}$，在属性栏中将"填充"颜色设为白色，"描边"颜色设为无，"半径"选项设为4像素。在图像窗口中适当的位置绘制圆角矩形，如图3-109所示，在"图层"控制面板中生成新的形状图层"圆角矩形2"。

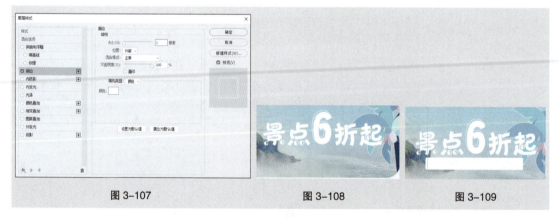

<table>
<tr><td>图 3-107</td><td>图 3-108</td><td>图 3-109</td></tr>
</table>

（11）单击"图层"控制面板下方的"添加图层样式"按钮 fx，在弹出的菜单中选择"渐变叠加"命令，弹出对话框，单击"渐变"选项右侧的"点按可编辑渐变"按钮，弹出"渐变编辑器"对话框，在"位置"选项中分别输入0、100两个位置点，分别设置两个位置点颜色的RGB值为0（255、137、51）、100（250、175、137），如图3-110所示。

（12）单击"确定"按钮，返回到"渐变叠加"选项卡，其他选项的设置如图3-111所示。选择对话框左侧的"描边"选项，切换到"描边"选项卡中，设置描边颜色为淡黄色（255、248、234），其他选项的设置如图3-112所示，单击"确定"按钮。

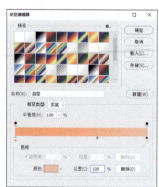

图 3-110

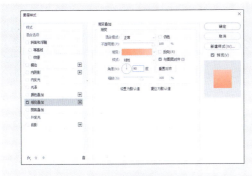

图 3-111

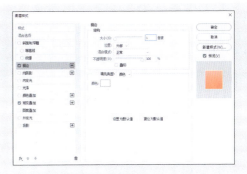

图 3-112

（13）选择"横排文字"工具 T.，在适当的位置输入需要的文字并选取文字，在"字符"面板中，将"颜色"设为白色，并设置合适的字体和字号，按 Enter 键确定操作，效果如图 3-113 所示，在"图层"控制面板中生成新的文字图层。

图 3-113

（14）选择"钢笔"工具 ∅.，在属性栏中将"填充"颜色设为无，"描边"颜色设为白色，"粗细"选项设为 1 像素，在适当的位置绘制一条不规则曲线，如图 3-114 所示，在"图层"控制面板中生成新的形状图层"形状 1"。使用相同的方法绘制多条曲线，效果如图 3-115 所示，在"图层"控制面板中分别生成新的形状图层。

图 3-114

（15）在按住 Shift 键的同时，单击"形状 1"图层，将需要的图层同时选取。按 Ctrl+G 组合键，编组图层并将其命名为"装饰"，如图 3-116 所示。在按住 Shift 键的同时，单击"圆角矩形 1"图层，将需要的图层及图层组同时选取。按 Ctrl+G 组合键，编组图层并将其命名为"Banner"，如图 3-117 所示。

图 3-115

（16）选择"文件"→"置入嵌入对象"命令，弹出"置入嵌入的对象"对话框。选择云盘中的"Ch03"→"制作畅游旅游 App"→"制作畅游旅游 App 首页"→"素材"→"03"文件，单击"置入"按钮，将图片置入图像窗口中并拖曳到适当的位置，按 Enter 键确定操作，如图 3-118 所示，在"图层"控制面板中生成新的图层并将其命名为"状态栏"。按 Ctrl + G 组合键，将图层编组并将其命名为"状态栏"。

图 3-116   图 3-117   图 3-118

（17）选择"视图"→"新建参考线"命令，弹出"新建参考线"对话框，设置如图 3-119 所示。单击"确定"按钮，完成参考线的创建，效果如图 3-120 所示。

（18）按 Ctrl + O 组合键，打开云盘中的"Ch03"→"制作畅游旅游 App"→"制作畅游旅游 App 首页"→"素材"→"04"文件，在"图层"控制面板中，选中"导航栏"图层组。选择"移动"工具 ⊕，将选取的图层组拖曳到新建的图像窗口中适当的位置，效果如图 3-121 所示。

图 3-119   图 3-120   图 3-121

（19）选择"圆角矩形"工具 ▢，在属性栏中将"填充"颜色设为白色，"描边"颜色设为无，"半径"选项设为 6 像素。在图像窗口中适当的位置绘制圆角矩形，如图 3-122 所示，在"图层"控制面板中生成新的形状图层"圆角矩形 3"。

（20）选择"椭圆"工具 ○，在按住 Shift 键的同时，在图像窗口中适当的位置绘制圆形，在"图层"控制面板中生成新的形状图层"椭圆 1"。将"椭圆 1"图层的"不透明度"选项设为 60%，效果如图 3-123 所示。

（21）选择"路径选择"工具 ▸，在按住 Alt+Shift 组合键的同时，选中圆形，在图像窗口中将其水平向右拖曳，复制形状。使用相同的方法再次复制 3 个圆形，效果如图 3-124 所示。在按住 Shift 键的同时，单击"圆角矩形 3"图层，将需要的图层同时选取。按 Ctrl+G 组合键，将图层编组并将其命名为"滑动轴"。

图 3-122   图 3-123   图 3-124

2. 制作金刚区、瓷片区、分段控件和热搜

（1）选择"视图"→"新建参考线"命令，弹出"新建参考线"对话框，设置如图 3-125 所示，单击"确定"按钮，完成参考线的创建。再次选择"视图"→"新建参考线"命令，弹出"新建参考线"对话框，设置如图 3-126 所示，在距离上方参考线 96 像素的位置新建一条水平参考线。使用相同的方法，设置如图 3-127 所示，在距离上方参考线 24 像素的位置新建一条水平参考线。分别单击"确定"按钮，完成参考线的创建。

图 3-125   图 3-126   图 3-127

（2）按 Ctrl + O 组合键，打开云盘中的"Ch03"→"制作畅游旅游 App"→"制作畅游旅游 App 首页"→"素材"→"05"文件，在"图层"控制面板中，选中"金刚区"图层组，如图 3-128 所示。选择"移动"工具 ⊕.，将选取的图层组拖曳到新建的图像窗口中适当的位置，效果如图 3-129 所示。

图 3-128   图 3-129

（3）选择"视图"→"新建参考线"命令，弹出"新建参考线"对话框，设置如图 3-130 所示，在距离上方参考线 24 像素的位置新建一条水平参考线。使用相同的方法，设置如图 3-131 所示，在距离上方参考线 360 像素的位置新建一条水平参考线。分别单击"确定"按钮，完成参考线的创建。

（4）选择"视图"→"新建参考线"命令，弹出"新建参考线"对话框，设置如图 3-132 所示。使用相同的方法再次新建一条垂直参考线，设置如图 3-133 所示。分别单击"确定"按钮，完成参考线的创建。

图 3-130   图 3-131   图 3-132   图 3-133

（5）按 Ctrl + O 组合键，打开云盘中的"Ch03"→"制作畅游旅游 App"→"制作畅游旅游 App 首页"→"素材"→"06"文件，在"图层"控制面板中，选中"瓷片区"图层组。选择"移动"工具 ⊕.，将选取的图层组拖曳到新建的图像窗口中适当的位置，效果如图 3-134 所示。

（6）选择"视图"→"新建参考线"命令，弹出"新建参考线"对话框，设置如图 3-135 所示，在距离上方参考线 24 像素的位置新建一条水平参考线。使用相同的方法，设置如图 3-136 所示，在距离上方参考线 72 像素的位置新建一条水平参考线。分别单击"确定"按钮，完成参考线的创建。

图 3-134   图 3-135   图 3-136

（7）按 Ctrl + O 组合键，打开云盘中的"Ch03"→"制作畅游旅游 App"→"制作畅游旅游 App 首页"→"素材"→"07"文件，在"图层"控制面板中，选中"分段控件"图层组。选择"移动"工具 ，将选取的图层组拖曳到新建的图像窗口中适当的位置，效果如图 3-137 所示。

（8）选择"视图"→"新建参考线"命令，弹出"新建参考线"对话框，设置如图 3-138 所示，在距离上方参考线 16 像素的位置新建一条水平参考线。使用相同的方法，设置如图 3-139 所示，在距离上方参考线 44 像素的位置新建一条水平参考线。分别单击"确定"按钮，完成参考线的创建。

图 3-137   图 3-138   图 3-139

（9）选择"圆角矩形"工具 ，在属性栏中将"填充"颜色设为浅灰色（240、242、245），"描边"颜色设为无，"半径"选项设为 22 像素。在图像窗口中适当的位置绘制圆角矩形，如图 3-140 所示，在"图层"控制面板中生成新的形状图层"圆角矩形 5"。

（10）选择"文件"→"置入嵌入对象"命令，弹出"置入嵌入的对象"对话框。选择云盘中的"Ch03"→"制作畅游旅游 App"→"制作畅游旅游 App 首页"→"素材"→"08"文件，单击"置入"按钮，将图标置入图像窗口中，将其拖曳到适当的位置并调整大小，按 Enter 键确定操作，如图 3-141 所示，在"图层"控制面板中生成新的图层并将其命名为"热门"。

（11）选择"横排文字"工具 ，在适当的位置输入需要的文字并选取文字，在"字符"面板中，将"颜色"设为深灰色（125、131、140），并设置合适的字体和字号，按 Enter 键确定操作，效果如图 3-142 所示，在"图层"控制面板中生成新的文字图层。

图 3-140   图 3-141   图 3-142

（12）在按住 Shift 键的同时，单击"圆角矩形 5"图层，将需要的图层同时选取。按 Ctrl+G 组合键，将图层编组并将其命名为"火星营地"，如图 3-143 所示。使用相同的方法分别绘制形状、输入文字并编组图层，如图 3-144 所示，效果如图 3-145 所示。

（13）在按住 Shift 键的同时，单击"火星营地"图层组，将需要的图层组同时选取。按 Ctrl+G 组合键，将图层组编组并将其命名为"热搜"。

3. 制作瀑布流和标签栏

（1）选择"视图"→"新建参考线"命令，弹出"新建参考线"对话框，设置如图 3-146 所示，在距离上方参考线 24 像素的位置新建一条水平参考线，单击"确定"按钮，完成参考线的创建，效果如图 3-147 所示。

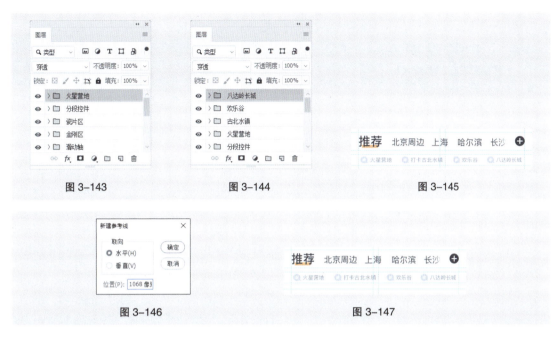

图 3-143　　　　　　　　　图 3-144　　　　　　　　　图 3-145

图 3-146　　　　　　　　　图 3-147

（2）选择"圆角矩形"工具 □.，在属性栏中将"填充"颜色设为灰色（199、207、220），"描边"颜色设为无，"半径"选项设为 10 像素。在图像窗口中适当的位置绘制圆角矩形，如图 3-148 所示，在"图层"控制面板中生成新的形状图层"圆角矩形 6"。

（3）选择"文件"→"置入嵌入对象"命令，弹出"置入嵌入的对象"对话框。选择云盘中的"Ch03"→"制作畅游旅游 App"→"制作畅游旅游 App 首页"→"素材"→"09"文件，单击"置入"按钮，将图片置入图像窗口中并拖曳到适当的位置，按 Enter 键确定操作，在"图层"控制面板中生成新的图层并将其命名为"图片 1"。按 Alt+Ctrl+G 组合键，为图层创建剪贴蒙版，效果如图 3-149 所示。

（4）选择"圆角矩形"工具 □.，在属性栏中将"填充"颜色设为灰色（199、207、220），"描边"颜色设为无，"半径"选项设为 10 像素。在图像窗口中适当的位置绘制圆角矩形，如图 3-150 所示，在"图层"控制面板中生成新的形状图层"圆角矩形 7"。

（5）单击"图层"控制面板下方的"添加图层样式"按钮 fx，在弹出的菜单中选择"渐变叠加"命令，弹出对话框，单击"渐变"选项右侧的"点按可编辑渐变"按钮 ▬▬▬▬ ，弹出"渐变编辑器"对话框，在"位置"选项中分别输入 0、100 两个位置点，分别设置两个位置点颜色的 RGB 值为 0（251、99、75）、100（251、129、66），如图 3-151 所示。

（6）单击"确定"按钮，返回到"渐变叠加"选项卡。其他选项的设置如图 3-152 所示，单击"确定"按钮。按 Alt+Ctrl+G 组合键，为图层创建剪贴蒙版，效果如图 3-153 所示。

（7）选择"横排文字"工具 T.，在适当的位置输入需要的文字并选取文字，在"字符"面板中将"颜色"设为白色，并设置合适的字体和字号，按 Enter 键确定操作，效果如图 3-154 所示，在"图层"控制面板中生成新的文字图层。

图 3-148

图 3-149

图 3-150

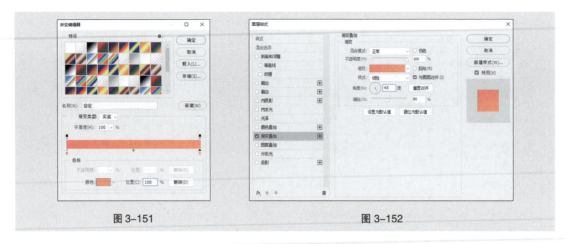

图 3-151　　　　　　　　　　　图 3-152

（8）选择"圆角矩形"工具 □，在属性栏中将"填充"颜色设为白色，"描边"颜色设为无，"半径"选项设为 10 像素。在图像窗口中适当的位置绘制圆角矩形，效果如图 3-155 所示，在"图层"控制面板中生成新的形状图层"圆角矩形 8"。

图 3-153　　　　　　　　　图 3-154　　　　　　　　　图 3-155

（9）单击"图层"控制面板下方的"添加图层样式"按钮 fx，在弹出的菜单中选择"渐变叠加"命令，弹出对话框，单击"渐变"选项右侧的"点按可编辑渐变"按钮，弹出"渐变编辑器"对话框，在"位置"选项中分别输入 0、100 两个位置点，分别设置两个位置点颜色的 RGB 值为 0（239、103、75）、100（251、129、66）。分别设置 0、70 两个位置点的不透明度值为 70%、0%，如图 3-156 所示，单击"确定"按钮。返回到"渐变叠加"选项卡，其他选项的设置如图 3-157 所示，单击"确定"按钮。

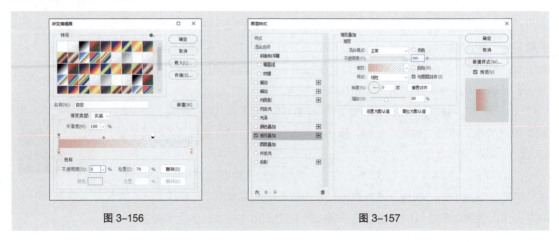

图 3-156　　　　　　　　　　　图 3-157

（10）在"图层"控制面板中，将该图层的"填充"选项设为4%，如图3-158所示，效果如图3-159所示。

（11）选择"文件"→"置入嵌入对象"命令，弹出"置入嵌入的对象"对话框。选择云盘中的"Ch03"→"制作畅游旅游 App"→"制作畅游旅游 App 首页"→"素材"→"10"文件，单击"置入"按钮，将图标置入图像窗口中，将其拖曳到适当的位置并调整大小，按 Enter 键确定操作，如图3-160所示，在"图层"控制面板中生成新的图层并将其命名为"位置"。

（12）选择"横排文字"工具 T.，在适当的位置输入需要的文字并选取文字，在"字符"面板中将"颜色"设为白色，并设置合适的字体和字号，按 Enter 键确定操作，效果如图3-161所示，在"图层"控制面板中生成新的文字图层。

图 3-158　　　　　图 3-159　　　　　图 3-160　　　　　图 3-161

（13）选择"圆角矩形"工具 □.，在属性栏中将"填充"颜色设为白色，"描边"颜色设为无，"半径"选项设为10像素。在图像窗口中适当的位置绘制圆角矩形，在"图层"控制面板中生成新的形状图层"圆角矩形9"。在"图层"控制面板中，将该图层的"不透明度"选项设为80%，如图3-162所示，效果如图3-163所示。

（14）选择"横排文字"工具 T.，在适当的位置输入需要的文字并选取文字，在"字符"面板中将"颜色"设为深灰色（52、52、52），并设置合适的字体和字号，按 Enter 键确定操作，效果如图3-164所示，在"图层"控制面板中生成新的文字图层。

（15）选择"椭圆"工具 ○.，在属性栏中将"填充"颜色设为黑色，在按住 Shift 键的同时，在图像窗口中适当的位置绘制圆，如图3-165所示，在"图层"控制面板中生成新的形状图层"椭圆3"。

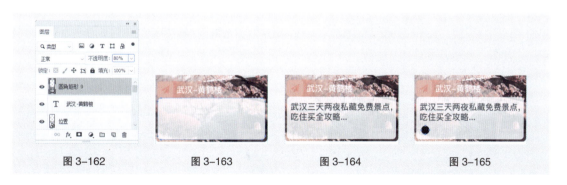

图 3-162　　　　　图 3-163　　　　　图 3-164　　　　　图 3-165

（16）选择"文件"→"置入嵌入对象"命令，弹出"置入嵌入的对象"对话框。选择云盘中的"Ch03"→"制作畅游旅游 App"→"制作畅游旅游 App 首页"→"素材"→"11"文件，单

图 3-166

图 3-167

图 3-168

击"置入"按钮，将图片置入图像窗口中，将其拖曳到适当的位置并调整大小，按 Enter 键确定操作，在"图层"控制面板中生成新的图层并将其命名为"头像"。按 Alt+Ctrl+G 组合键，为图层创建剪贴蒙版，效果如图 3-166 所示。

（17）选择"横排文字"工具 T.，在适当的位置分别输入需要的文字并选取文字，在"字符"面板中将"颜色"设为深灰色（80、80、80），并设置合适的字体和字号，按 Enter 键确定操作，效果如图 3-167 所示，在"图层"控制面板中分别生成新的文字图层。

（18）选择"文件"→"置入嵌入对象"命令，弹出"置入嵌入的对象"对话框。选择云盘中的"Ch03"→"制作畅游旅游 App"→"制作畅游旅游 App 首页"→"素材"→"12"文件，单击"置入"按钮，将图标置入图像窗口中，将其拖曳到适当的位置并调整大小，按 Enter 键确定操作，如图 3-168 所示，在"图层"控制面板中生成新的图层并将其命名为"返回"。

（19）选择"圆角矩形"工具 □.，在属性栏中将"填充"颜色设为浅蓝色（185、202、206），"描边"颜色设为无，"半径"选项设为 10 像素。在图像窗口中适当的位置绘制圆角矩形，在"图层"控制面板中生成新的形状图层"圆角矩形 10"。在"属性"面板中进行设置，如图 3-169 所示，按 Enter 键确定操作。单击"蒙版"按钮，设置如图 3-170 所示，按 Enter 键确定操作，效果如图 3-171 所示。

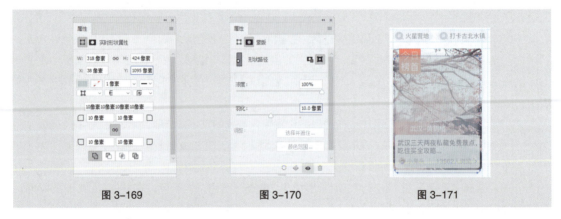

图 3-169   图 3-170   图 3-171

（20）在"图层"控制面板中将"圆角矩形 10"图层的"不透明度"选项设为 60%，并将其拖曳到"圆角矩形 6"图层的下方，如图 3-172 所示，效果如图 3-173 所示。在按住 Shift 键的同时，单击"返回"图层，将需要的图层同时选取。按 Ctrl+G 组合键，将图层编组并将其命名为"今日榜首"，如图 3-174 所示。

图 3-172   图 3-173   图 3-174

（21）使用相同的方法分别绘制形状、置入图片、输入文字并编组图层，如图3-175所示，效果如图3-176所示。在按住Shift键的同时，单击"今日榜首"图层组，将需要的图层组同时选取。按Ctrl+G组合键，将图层组编组并将其命名为"瀑布流"，如图3-177所示。

图3-175　　　　　　　　　　图3-176　　　　　　　　　　图3-177

（22）选择"视图"→"新建参考线"命令，弹出"新建参考线"对话框，设置如图3-178所示，单击"确定"按钮，完成参考线的创建。选择"矩形"工具□，在属性栏中将"填充"颜色设为白色，"描边"颜色设为无。在图像窗口中适当的位置绘制矩形，如图3-179所示，在"图层"控制面板中生成新的形状图层"矩形3"。

（23）按Ctrl + O组合键，打开云盘中的"Ch03"→"制作畅游旅游App"→"制作畅游旅游App首页"→"素材"→"13"文件，在"图层"控制面板中，选中"标签栏"图层组。选择"移动"工具⊕，将选取的图层组拖曳到新建的图像窗口中适当的位置，效果如图3-180所示。

图3-178　　　　　　　　　　图3-179　　　　　　　　　　图3-180

（24）选择"矩形"工具□，在属性栏中将"填充"颜色设为深蓝色（42、42、68），"描边"颜色设为无。在图像窗口中适当的位置绘制矩形，在"图层"控制面板中生成新的形状图层"矩形4"。单击"蒙版"按钮，设置如图3-181所示，按Enter键确定操作，效果如图3-182所示。

（25）在"图层"控制面板中将"矩形4"图层的"不透明度"选项设为30%，并将其拖曳到"矩形3"图层的下方，效果如图3-183所示。

（26）展开"标签栏"图层组，选中"矩形4"图层，在按住Shift键的同时，单击"矩形3"图层，将需要的图层同时选取，将其拖曳到"首页"图层的下方，如图3-184所示。折叠"标签栏"图层组，如图3-185所示。

图 3-181　　　　　　　图 3-182　　　　　　　图 3-183

（27）选择"文件"→"置入嵌入对象"命令，弹出"置入嵌入的对象"对话框。选择云盘中的"Ch03"→"制作畅游旅游 App"→"制作畅游旅游 App 首页"→"素材"→"14"文件，单击"置入"按钮，将图片置入图像窗口中并拖曳到适当的位置，按 Enter 键确定操作，效果如图 3-186所示，在"图层"控制面板中生成新的图层并将其命名为"Home Indicator"。畅游旅游 App 首页制作完成。

图 3-184　　　　　　　图 3-185　　　　　　　图 3-186

3.4.4　课堂案例——制作畅游旅游 App 个人中心页

【案例学习目标】学习使用形状工具、文字工具、创建剪贴蒙版命令和添加图层样式命令制作畅游旅游 App 个人中心页。

【案例知识要点】使用圆角矩形工具、矩形工具、椭圆工具绘制形状，使用置入嵌入对象命令置入图片和图标，使用创建剪贴蒙版命令调整图片显示区域，使用渐变叠加命令添加效果，使用蒙版制作弥散投影，使用横排文字工具输入文字，效果如图 3-187 所示。

【效果所在位置】云盘 /Ch03/ 制作畅游旅游 App/ 制作畅游旅游 App个人中心页 / 工程文件 .psd。

慕课视频

制作畅游旅游
App 个人中心
页 1

慕课视频

制作畅游旅游
App 个人中心
页 2

图 3-187

具体步骤如下。

（1）按 Ctrl+N 组合键，弹出"新建文档"对话框，将"宽度"设为 750 像素，"高度"设为 1624 像素，"分辨率"设为 72 像素 / 英寸，"背景内容"设为浅灰色（249、249、249），如图 3-188 所示。单击"创建"按钮，完成文档新建。

（2）选择"视图"→"新建参考线版面"命令，弹出"新建参考线版面"对话框，设置如图 3-189 所示。单击"确定"按钮，完成参考线版面的创建。

图 3-188   图 3-189

（3）选择"矩形"工具 ▭，在属性栏的"选择工具模式"选项中选择"形状"，将"填充"颜色设为黑色，"描边"颜色设为无。在图像窗口中适当的位置绘制矩形，如图 3-190 所示，在"图层"控制面板中生成新的形状图层"矩形 1"。

（4）选择"文件"→"置入嵌入对象"命令，弹出"置入嵌入的对象"对话框。选择云盘中的"Ch03"→"制作畅游旅游 App"→"制作畅游旅游 App 个人中心页"→"素材"→"01"文件，单击"置入"按钮，将图片置入图像窗口中，将其拖曳到适当的位置，按 Enter 键确定操作，在"图层"控制面板中生成新的图层并将其命名为"底图"。按 Alt+Ctrl+G 组合键，为图层创建剪贴蒙版，效果如图 3-191 所示。

图 3-190   图 3-191

（5）选择"文件"→"置入嵌入对象"命令，弹出"置入嵌入的对象"对话框。选择云盘中的"Ch03"→"制作畅游旅游 App"→"制作畅游旅游 App 个人中心页"→"素材"→"02"文件，单击"置入"按钮，将图片置入图像窗口中，将其拖曳到适当的位置，按 Enter 键确定操作，在"图层"控制面板中生成新的图层并将其命名为"状态栏"。

（6）单击"图层"控制面板下方的"添加图层样式"按钮 ƒ𝑥，在弹出的菜单中选择"颜色叠加"

命令，弹出对话框，设置叠加颜色为白色，单击"确定"按钮。返回到"颜色叠加"选项卡，其他选项的设置如图 3-192 所示，单击"确定"按钮，效果如图 3-193 所示。

图 3-192   图 3-193

（7）选择"视图"→"新建参考线"命令，弹出"新建参考线"对话框，设置如图 3-194 所示。单击"确定"按钮，完成参考线的创建。

（8）选择"文件"→"置入嵌入对象"命令，弹出"置入嵌入的对象"对话框。选择云盘中的"Ch03"→"制作畅游旅游 App"→"制作畅游旅游 App 个人中心页"→"素材"→"03"文件，单击"置入"按钮，将图标置入图像窗口中，将其拖曳到适当的位置并调整大小，按 Enter 键确定操作，在"图层"控制面板中生成新的图层并将其命名为"返回"。

（9）使用相同的方法，分别置入"04"和"05"文件，将图标拖曳到适当的位置并调整大小，按 Enter 键确定操作，效果如图 3-195 所示，在"图层"控制面板中分别生成新的图层并将其分别命名为"评价"和"更多"。

（10）按 Ctrl + O 组合键，打开云盘中的"Ch03"→"制作畅游旅游 App"→"制作畅游旅游 App 个人中心页"→"素材"→"06"文件，在"图层"控制面板中，选中"反馈控件"图层组。选择"移动"工具 ⊕，将选取的图层组拖曳到新建的图像窗口中适当的位置，效果如图 3-196 所示。在按住 Shift 键的同时，单击"返回"图层，将需要的图层同时选取，按 Ctrl+G 组合键，编组图层并将其命名为"导航栏"。

图 3-194   图 3-195   图 3-196

（11）选择"横排文字"工具 T.，在适当的位置输入需要的文字并选取文字，选择"窗口"→"字符"命令，弹出"字符"面板，将"颜色"设为白色，其他选项的设置如图 3-197 所示，按 Enter 键确定操作，效果如图 3-198 所示，在"图层"控制面板中生成新的文字图层。

（12）选择"圆角矩形"工具 □.，在属性栏中将"填充"颜色设为白色，"描边"颜色设为无，"半径"选项设为 16 像素。在图像窗口中适当的位置绘制圆角矩形，如图 3-199 所示，在"图层"

控制面板中生成新的形状图层"圆角矩形 1"。

| 图 3-197 | 图 3-198 | 图 3-199 |

（13）单击"图层"控制面板下方的"添加图层样式"按钮 *fx.*，在弹出的菜单中选择"渐变叠加"命令，弹出对话框，单击"渐变"选项右侧的"点按可编辑渐变"按钮 ▬▬▬▬▬，弹出"渐变编辑器"对话框，在"位置"选项中分别输入 0、100 两个位置点，分别设置两个位置点颜色的 RGB 值为 0（255、151、1）、100（236、101、25）。设置两个位置点的不透明度值为 0（100%）、100（30%），如图 3-200 所示，单击"确定"按钮。返回到"渐变叠加"选项卡，其他选项的设置如图 3-201 所示，单击"确定"按钮。

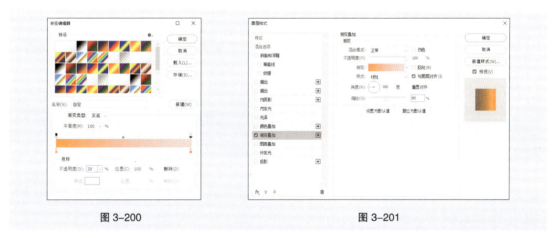

| 图 3-200 | 图 3-201 |

（14）在"图层"控制面板中，将"圆角矩形 1"图层的"填充"选项设为 0%，效果如图 3-202 所示。选择"横排文字"工具 *T.*，在适当的位置输入需要的文字并选取文字，在"字符"面板中，将"颜色"设为白色，并设置合适的字体和字号，按 Enter 键确定操作，效果如图 3-203 所示，在"图层"控制面板中生成新的文字图层。

图 3-202

（15）选择"文件"→"置入嵌入对象"命令，弹出"置入嵌入的对象"对话框。选择云盘中的"Ch03"→"制作畅游旅游 App"→"制作畅游旅游 App 个人中心页"→"素材"→"07"文件，单击"置入"按钮，将图标置入图像窗口中，将其拖曳到适当的位置并调整大小，按 Enter 键确定操作，如图 3-204 所示，在"图层"控制面板中生成新的图层并将其命名为"探索"。

图 3-203

（16）在按住 Shift 键的同时，单击"探索我的旅程"图层，将需要的

图 3-204

第 3 章 App 界面设计

图层同时选取，按 Ctrl+G 组合键，编组图层并将其命名为"去探索"。选择"视图"→"新建参考线"命令，弹出"新建参考线"对话框，设置如图 3-205 所示。单击"确定"按钮，完成参考线的创建。选择"视图"→"新建参考线"命令，弹出"新建参考线"对话框，设置如图 3-206 所示，在距离上方参考线 24 像素的位置新建一条水平参考线。使用相同的方法，设置如图 3-207 所示，在距离上方参考线 244 像素的位置新建一条水平参考线。分别单击"确定"按钮，完成参考线的创建，效果如图 3-208 所示。

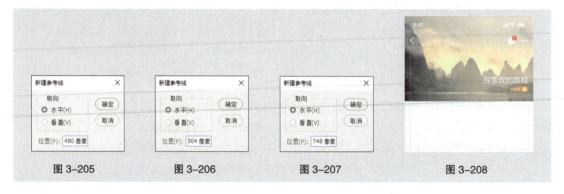

图 3-205　　　　　图 3-206　　　　　图 3-207　　　　　图 3-208

（17）选择"圆角矩形"工具 ▢.，在属性栏中将"填充"颜色设为白色，"描边"颜色设为无，"半径"选项设为 10 像素。在图像窗口中适当的位置绘制圆角矩形，如图 3-209 所示，在"图层"控制面板中生成新的形状图层"圆角矩形 2"。选择"椭圆"工具 ◯.，在按住 Shift 键的同时，在图像窗口中适当的位置绘制圆形，如图 3-210 所示，在"图层"控制面板中生成新的形状图层"椭圆 1"。

（18）按 Ctrl+J 组合键，复制"椭圆 1"图层，在"图层"控制面板中生成新的形状图层"椭圆 1 拷贝"。按 Ctrl+T 组合键，在图形周围出现变换框，按住 Alt+Shift 组合键的同时，拖曳右上角的控制手柄等比例缩小图形，按 Enter 键确定操作，效果如图 3-211 所示。

（19）选择"文件"→"置入嵌入对象"命令，弹出"置入嵌入的对象"对话框。选择云盘中的"Ch03"→"制作畅游旅游 App"→"制作畅游旅游 App 个人中心页"→"素材"→"08"文件，单击"置入"按钮，将图片置入图像窗口中，将其拖曳到适当的位置并调整大小，按 Enter 键确定操作，在"图层"控制面板中生成新的图层并将其命名为"头像"。按 Alt+Ctrl+G 组合键，为图层创建剪贴蒙版，效果如图 3-212 所示。

图 3-209　　　　　图 3-210　　　　　图 3-211　　　　　图 3-212

（20）选择"椭圆"工具 ◯.，在属性栏中将"填充"颜色设为浅蓝色（180、203、213），"描边"颜色设为无。在按住 Shift 键的同时，在图像窗口中适当的位置绘制圆形，在"图层"控制面板中生成新的形状图层"椭圆 2"。在"属性"面板中单击"蒙版"按钮，设置如图 3-213 所示，按 Enter 键确定操作，效果如图 3-214 所示。

（21）在"图层"控制面板中将"椭圆 2"图层的"不透明度"选项设为 70%，并将其拖曳到"椭圆 1"图层的下方，效果如图 3-215 所示。在按住 Shift 键的同时，单击"头像"图层，将需要的图层同时选取，按 Ctrl+G 组合键，编组图层并将其命名为"头像"，如图 3-216 所示。

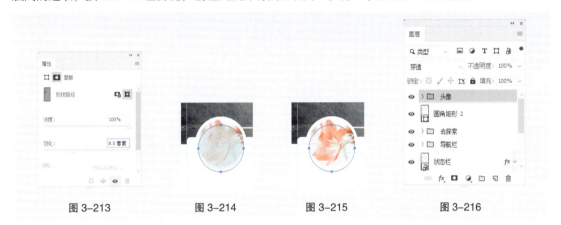

图 3-213　　　　　　　图 3-214　　　　　　　图 3-215　　　　　　　图 3-216

（22）选择"横排文字"工具 T.，在适当的位置输入需要的文字并选取文字，在"字符"面板中，将"颜色"设为深灰色（51、51、51），并设置合适的字体和字号，按 Enter 键确定操作，效果如图 3-217 所示，在"图层"控制面板中生成新的文字图层。

（23）选择"圆角矩形"工具 □.，在属性栏中将"填充"颜色设为浅灰色（235、235、235），"描边"颜色设为无，"半径"选项设为 4 像素。在图像窗口中适当的位置绘制圆角矩形，在"图层"控制面板中生成新的形状图层"圆角矩形 3"。

（24）选择"文件"→"置入嵌入对象"命令，弹出"置入嵌入的对象"对话框。选择云盘中的"Ch03"→"制作畅游旅游 App"→"制作畅游旅游 App 个人中心页"→"素材"→"09"文件，单击"置入"按钮，将图层置入图像窗口中，将其拖曳到适当的位置并调整大小，按 Enter 键确定操作，如图 3-218 所示，在"图层"控制面板中生成新的图层并将其命名为"等级"。使用相同的方法分别绘制形状、输入文字并置入图标，制作出如图 3-219 所示的效果，在"图层"控制面板中分别生成新的图层。

图 3-217　　　　　　　图 3-218　　　　　　　图 3-219

（25）在按住 Shift 键的同时，单击"圆角矩形 3"图层，将需要的图层同时选取，按 Ctrl+G 组合键，编组图层并将其命名为"VIP"，如图 3-220 所示。

（26）选择"横排文字"工具 T.，在适当的位置分别输入需要的文字并选取文字，在"字符"面板中，将"颜色"分别设为深灰色（51、51、51）和灰色（153、153、153），并设置合适的字体和字号，按 Enter 键确定操作，效果如图 3-221 所示。在"图层"控制面板中分别生成新的文字图层。

（27）选择"圆角矩形"工具 □.，在属性栏中将"填充"颜色设为橘黄色（255、151、1），"描边"颜色设为无，"半径"选项设为 32 像素。在图像窗口中适当的位置绘制圆角矩形，在"图层"

控制面板中生成新的形状图层"圆角矩形 4"。选择"横排文字"工具 **T.**，在适当的位置输入需要的文字并选取文字，在"字符"面板中，将"颜色"设为白色，并设置合适的字体和字号，按 Enter 键确定操作，效果如图 3-222 所示。在"图层"控制面板中生成新的文字图层。

图 3-220   图 3-221

（28）在"图层"控制面板中选中"圆角矩形 4"图层，按 Ctrl+J 组合键，复制图层，在"图层"控制面板中生成新的形状图层"圆角矩形 4 拷贝"。在属性栏中将"填充"颜色设为棕褐色（207、176、131），"描边"颜色设为无。在"属性"面板中单击"蒙版"按钮，设置如图 3-223 所示，按 Enter 键确定操作。在"图层"控制面板中将"圆角矩形 4 拷贝"图层拖曳到"圆角矩形 4"图层的下方，效果如图 3-224 所示。

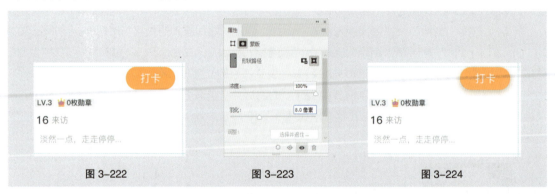

图 3-222   图 3-223   图 3-224

（29）在"图层"控制面板中选中"圆角矩形 2"图层。选择"圆角矩形"工具 **◻.**，在图像窗口中适当的位置绘制圆角矩形，在"图层"控制面板中生成新的形状图层"圆角矩形 5"。在属性栏中将"填充"颜色设为浅灰色（235、235、235），"描边"颜色设为无。在"属性"面板中单击"蒙版"按钮，设置如图 3-225 所示，按 Enter 键确定操作，效果如图 3-226 所示。

（30）在"图层"控制面板中将"圆角矩形 5"图层拖曳到"圆角矩形 2"图层的下方，按 Enter 键确定操作，效果如图 3-227 所示。在按住 Shift 键的同时，单击"打卡"图层，将需要的图层同时选取，按 Ctrl+G 组合键，将图层编组并将其命名为"用户信息"。

（31）选择"视图"→"新建参考线"命令，弹出"新建参考线"对话框，设置如图 3-228 所示，在距离上方参考线 24 像素的位置新建一条水平参考线。使用相同的方法，设置如图 3-229 所示，在距离上方参考线 112 像素的位置新建一条水平参考线。分别单击"确定"按钮，完成参考线的创建。

（32）选择"圆角矩形"工具 **◻.**，在属性栏中将"填充"颜色设为白色，"描边"颜色设为无，"半径"选项设为 10 像素。在图像窗口中适当的位置绘制圆角矩形，在"图层"控制面板中生成新的形状图层"圆角矩形6"。

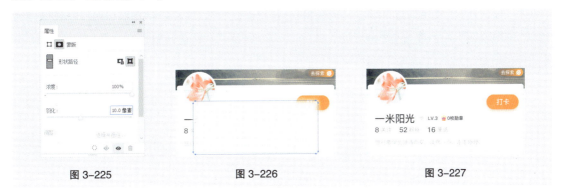

图 3-225　　　　　　图 3-226　　　　　　图 3-227

（33）选择"横排文字"工具 T.，在适当的位置分别输入需要的文字并选取文字，在"字符"面板中，将"颜色"分别设为深灰色（51、51、51）和灰色（153、153、153），并设置合适的字体和字号，按 Enter 键确定操作，效果如图 3-230 所示。在"图层"控制面板中分别生成新的文字图层。

图 3-228　　　　　　图 3-229　　　　　　图 3-230

（34）选择"文件"→"置入嵌入对象"命令，弹出"置入嵌入的对象"对话框。选择云盘中的"Ch03"→"制作畅游旅游 App"→"制作畅游旅游 App 个人中心页"→"素材"→"11"文件，单击"置入"按钮，将图标置入图像窗口中，将其拖曳到适当的位置并调整大小，按 Enter 键确定操作，如图 3-231 所示，在"图层"控制面板中生成新的图层并将其命名为"积分"。

（35）选择"圆角矩形"工具 □.，在图像窗口中适当的位置绘制圆角矩形，在"图层"控制面板中生成新的形状图层"圆角矩形7"。在属性栏中将"填充"颜色设为浅灰色（235、235、235），"描边"颜色设为无，按 Enter 键确定操作。在"属性"面板中单击"蒙版"按钮，设置如图 3-232 所示，按 Enter 键确定操作，效果如图 3-233 所示。

图 3-231　　　　　　图 3-232　　　　　　图 3-233

（36）在"图层"控制面板中将"圆角矩形7"图层拖曳到"圆角矩形6"图层的下方。在按住

Shift 键的同时，单击"积分"图层，将需要的图层同时选取，按 Ctrl+G 组合键，编组图层并将其命名为"领积分"。使用相同的方法，再次绘制形状、输入文字、置入图标并编组图层，如图 3-234 所示，制作出如图 3-235 所示的效果。

图 3-234　　　　　　　　　　　　　　　图 3-235

（37）选择"视图"→"新建参考线"命令，弹出"新建参考线"对话框，设置如图 3-236 所示，在距离上方参考线 32 像素的位置新建一条水平参考线。使用相同的方法，设置如图 3-237 所示，在距离上方参考线 140 像素的位置新建一条水平参考线。分别单击"确定"按钮，完成参考线的创建。

（38）选择"文件"→"置入嵌入对象"命令，弹出"置入嵌入的对象"对话框。选择云盘中的"Ch03"→"制作畅游旅游 App"→"制作畅游旅游 App 个人中心页"→"素材"→"13"文件，单击"置入"按钮，将图标置入图像窗口中，将其拖曳到适当的位置并调整大小，按 Enter 键确定操作，如图 3-238 所示，在"图层"控制面板中生成新的图层并将其命名为"待付款"。

图 3-236　　　　　　　　　　图 3-237　　　　　　　　　　图 3-238

（39）单击"图层"控制面板下方的"添加图层样式"按钮，在弹出的菜单中选择"渐变叠加"命令，弹出对话框，单击"渐变"选项右侧的"点按可编辑渐变"按钮，弹出"渐变编辑器"对话框，在"位置"选项中分别输入 0、100 两个位置点，分别设置两个位置点颜色的 RGB 值为 0（255、222、0）、100（255、150、0），如图 3-239 所示，单击"确定"按钮。返回到"渐变叠加"选项卡，其他选项的设置如图 3-240 所示，单击"确定"按钮，效果如图 3-241 所示。

（40）使用相同的方法，分别置入需要的图标并添加渐变叠加效果，在"图层"控制面板中分别生成新的图层。选择"横排文字"工具，在适当的位置分别输入需要的文字并选取文字，在"字符"面板中，将"颜色"设为灰色（153、153、153），并设置合适的字体和字号，按 Enter 键确定操作，效果如图 3-242 所示。在"图层"控制面板中分别生成新的文字图层。

（41）选择"文件"→"置入嵌入对象"命令，弹出"置入嵌入的对象"对话框。选择云盘中的"Ch03"→"制作畅游旅游 App"→"制作畅游旅游 App 个人中心页"→"素材"→"18"文件，单击"置入"按钮，将图标置入图像窗口中，将其拖曳到适当的位置并调整大小，按 Enter 键确定操作，如图 3-243 所示,在"图层"控制面板中生成新的图层并将其命名为"展开"。在按住 Shift 键的同时,单击"待付款"图层,将需要的图层同时选取,按 Ctrl+G 组合键,将图层编组并将其命名为"我的订单"。

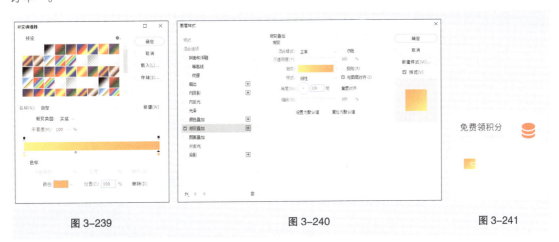

图 3-239   图 3-240   图 3-241

图 3-242

图 3-243

(42)选择"视图"→"新建参考线"命令,弹出"新建参考线"对话框,设置如图 3-244 所示,在距离上方参考线 336 像素的位置新建一条水平参考线,单击"确定"按钮,完成参考线的创建。选择"圆角矩形"工具 ◻.,在属性栏中将"填充"颜色设为白色,"描边"颜色设为无,"半径"选项设为 10 像素。在图像窗口中适当的位置绘制圆角矩形,如图 3-245 所示,在"图层"控制面板中生成新的形状图层"圆角矩形 8"。

(43)使用上述的方法,分别输入文字、置入图标、添加颜色叠加效果并制作投影效果,效果如图 3-246 所示,在"图层"控制面板中生成新的图层组"常用工具"。在按住 Shift 键的同时,单击"去探索"图层组,将需要的图层组同时选取,按 Ctrl+G 组合键,编组图层组并将其命名为"内容区"。

图 3-244   图 3-245   图 3-246

(44)选择"视图"→"新建参考线"命令,弹出"新建参考线"对话框,设置如图 3-247 所示,在距离上方参考线 66 像素的位置新建一条水平参考线。使用相同的方法,设置如图 3-248 所示,在距离上方参考线 98 像素的位置新建一条水平参考线。分别单击"确定"按钮,完成参考线的创建。

(45)按 Ctrl + O 组合键,打开云盘中的"Ch03"→"制

图 3-247   图 3-248

作畅游旅游 App"→"制作畅游旅游 App 个人中心页"→"工程文件 .psd"文件，在"图层"控制面板中，选中"标签栏"图层组。选择"移动"工具 ⊹，将选取的图层组拖曳到新建的图像窗口中适当的位置。调整文字颜色和图标的叠加颜色，制作出如图 3-249 所示的效果。

（46）折叠"标签栏"图层组。选择"文件"→"置入嵌入对象"命令，弹出"置入嵌入的对象"对话框。选择云盘中的"Ch03"→"制作畅游旅游 App"→"制作畅游旅游 App 个人中心页"→"素材"→"19"文件，单击"置入"按钮，将图片置入图像窗口中，将其拖曳到适当的位置，按 Enter 键确定操作，效果如图 3-250 所示，在"图层"控制面板中生成新的图层并将其命名为"Home Indicator"，如图 3-251 所示。畅游旅游 App 个人中心页制作完成。

图 3-249　　　　　　　图 3-250　　　　　　　图 3-251

3.4.5　课堂案例——制作畅游旅游 App 酒店详情页

【案例学习目标】学习使用形状工具、文字工具、创建剪贴蒙版命令和添加图层样式命令制作畅游旅游 App 酒店详情页。

【案例知识要点】使用圆角矩形工具、矩形工具、椭圆工具和直线工具绘制形状，使用置入嵌入对象命令置入图片和图标，使用创建剪贴蒙版命令调整图片显示区域，使用蒙版制作弥散投影，使用横排文字工具输入文字，效果如图 3-252 所示。

【效果所在位置】云盘 /Ch03/ 制作畅游旅游 App/ 制作畅游旅游 App 酒店详情页 / 工程文件 .psd。

慕课视频　　　　慕课视频

制作畅游旅游 App 酒店详情页 1　　制作畅游旅游 App 酒店详情页 2

图 3-252

具体步骤如下。

1. 制作状态栏、导航栏和房屋信息

（1）按 Ctrl+N 组合键，弹出"新建文档"对话框，将"宽度"设为 750 像素，"高度"设为 2290 像素，"分辨率"设为 72 像素 / 英寸，"背景内容"设为白色，如图 3-253 所示。单击"创建"按钮，完成文档新建。

（2）选择"视图"→"新建参考线版面"命令，弹出"新建参考线版面"对话框，设置如图 3-254 所示。单击"确定"按钮，完成参考线的创建。

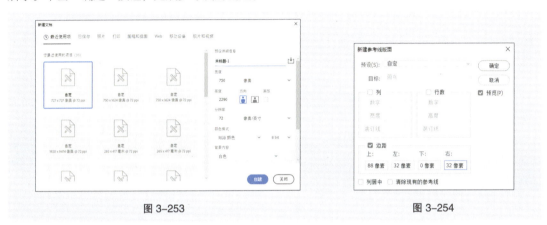

图 3-253   图 3-254

（3）选择"矩形"工具 □，在属性栏的"选择工具模式"选项中选择"形状"，将"填充"颜色设为黑色，"描边"颜色设为无。在图像窗口中适当的位置绘制矩形，在"图层"控制面板中生成新的形状图层"矩形 1"。在"属性"面板中进行设置，如图 3-255 所示，按 Enter 键确定操作，效果如图 3-256 所示。

（4）选择"文件"→"置入嵌入对象"命令，弹出"置入嵌入的对象"对话框。选择云盘中的"Ch03"→"制作畅游旅游 App"→"制作畅游旅游 App 酒店详情页"→"素材"→"01"文件，单击"置入"按钮，将图片置入图像窗口中，将其拖曳到适当的位置，按 Enter 键确定操作，在"图层"控制面板中生成新的图层并将其命名为"底图"。按 Alt+Ctrl+G 组合键，为图层创建剪贴蒙版，效果如图 3-257 所示。

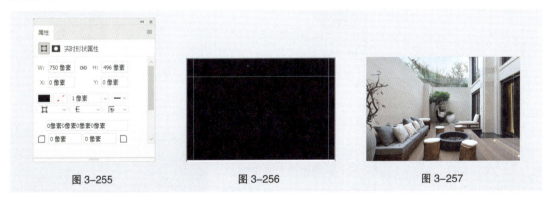

图 3-255   图 3-256   图 3-257

（5）选择"文件"→"置入嵌入对象"命令，弹出"置入嵌入的对象"对话框。选择云盘中的"Ch03"→"制作畅游旅游 App"→"制作畅游旅游 App 酒店详情页"→"素材"→"02"文件，单击"置入"按钮，将图片置入图像窗口中，将其拖曳到适当的位置，按 Enter 键确定操作，效果

图 3-258

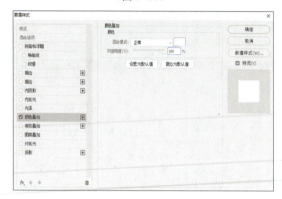

图 3-259

如图 3-258 所示，在"图层"控制面板中生成新的图层并将其命名为"状态栏"。

（6）单击"图层"控制面板下方的"添加图层样式"按钮 *fx*，在弹出的菜单中选择"颜色叠加"命令，弹出对话框，设置叠加颜色为白色，单击"确定"按钮。返回到"颜色叠加"选项卡，其他选项的设置如图 3-259 所示，单击"确定"按钮。

（7）选择"视图"→"新建参考线"命令，弹出"新建参考线"对话框，设置如图 3-260 所示，效果如图 3-261 所示。

（8）选择"椭圆"工具 ○，在按住 Shift 键的同时，在图像窗口中适当的位置绘制圆形，在"图层"控制面板中生成新的形状图层"椭圆 1"。在"属性"面板中进行设置，如图 3-262 所示，按 Enter 键确定操作，效果如图 3-263 所示。在"图层"控制面板中将"椭圆 1"图层的"不透明度"选项设为 30%，如图 3-264 所示，效果如图 3-265 所示。

图 3-260   图 3-261

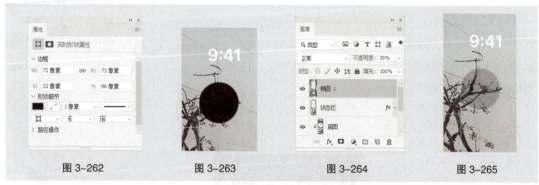

图 3-262   图 3-263   图 3-264   图 3-265

（9）选择"文件"→"置入嵌入对象"命令，弹出"置入嵌入的对象"对话框。选择云盘中的"Ch03"→"制作畅游旅游 App"→"制作畅游旅游 App 酒店详情页"→"素材"→"03"文件，单击"置入"按钮，将图标置入图像窗口中，将其拖曳到适当的位置并调整大小，按 Enter 键确定操作，效果如图 3-266 所示。在"图层"控制面板中生成新的图层并将其命名为"返回"，如图 3-267 所示。

（10）在按住 Shift 键的同时，单击"椭圆 1"图层，

图 3-266   图 3-267

将需要的图层同时选取，按 Ctrl+G 组合键，编组图层并将其命名为"返回"。使用相同的方法，分别绘制圆形并置入"04"和"05"文件，将图标拖曳到适当的位置并调整大小，按 Enter 键确定操作，效果如图 3-268 所示。在"图层"控制面板中分别生成新的图层并将其分别命名为"收藏"和"分享"，并分别进行编组操作，如图 3-269 所示。在按住 Shift 键的同时，单击"返回"图层组，将需要的图层组同时选取，按 Ctrl+G 组合键，将图层组编组并将其命名为"导航栏"，如图 3-270 所示。

图 3-268   图 3-269   图 3-270

（11）选择"文件"→"置入嵌入对象"命令，弹出"置入嵌入的对象"对话框。选择云盘中的"Ch03"→"制作畅游旅游 App"→"制作畅游旅游 App 酒店详情页"→"素材"→"06"文件，单击"置入"按钮，将图标置入图像窗口中，将其拖曳到适当的位置并调整大小，按 Enter 键确定操作，如图 3-271 所示，在"图层"控制面板中生成新的图层并将其命名为"图片"。

（12）选择"横排文字"工具 T.，在适当的位置输入需要的文字并选取文字，选择"窗口"→"字符"命令，弹出"字符"面板，将"颜色"设为浅灰色（249、249、249），其他选项的设置如图 3-272 所示，按 Enter 键确定操作，效果如图 3-273 所示，在"图层"控制面板中生成新的文字图层。

图 3-271   图 3-272   图 3-273

（13）选择"视图"→"新建参考线"命令，弹出"新建参考线"对话框，设置如图 3-274 所示，效果如图 3-275 所示。

图 3-274   图 3-275

（14）选择"圆角矩形"工具 ▢，在属性栏中将"填充"颜色设为浅灰色（249、249、249），"描边"颜色设为无，"半径"选项设为 24 像素。在图像窗口中适当的位置绘制圆角矩形，在"图层"控制面板中生成新的形状图层"圆角矩形 1"。在"属性"面板中进行设置，如图 3-276 所示，按 Enter 键确定操作，效果如图 3-277 所示。

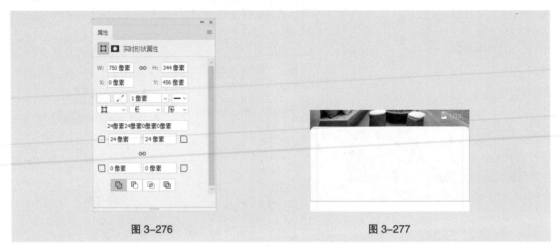

图 3-276　　　　　　　　　　　　　　　　图 3-277

（15）选择"横排文字"工具 T.，在适当的位置输入需要的文字并选取文字，在"字符"面板中，将"颜色"设为深灰色（51、51、51），其他选项的设置如图 3-278 所示，按 Enter 键确定操作。再次输入文字，在"字符"面板中，将"颜色"设为深灰色（51、51、51），其他选项的设置如图 3-279 所示，按 Enter 键确定操作，效果如图 3-280 所示。在"图层"控制面板中分别生成新的文字图层。

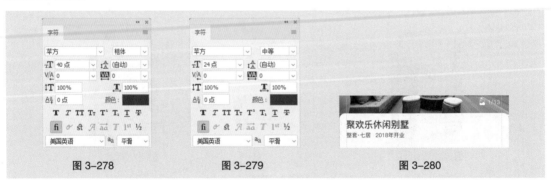

图 3-278　　　　　　　　　图 3-279　　　　　　　　　图 3-280

（16）选择"直线"工具 ╱.，在属性栏中将"填充"颜色设为无，"描边"颜色设为灰色（210、210、210），"粗细"选项设为 1 像素。按住 Shift 键的同时，在适当的位置绘制一条竖线，如图 3-281 所示，在"图层"控制面板中生成新的形状图层"形状 1"。

（17）选择"文件"→"置入嵌入对象"命令，弹出"置入嵌入的对象"对话框。选择云盘中的"Ch03"→"制作畅游旅游 App"→"制作畅游旅游 App 酒店详情页"→"素材"→"07"文件，单击"置入"按钮，将图标置入图像窗口中。将其拖曳到适当的位置并调整大小，按 Enter 键确定操作，如图 3-282 所示，在"图层"控制面板中生成新的图层并将其命名为"WiFi"。

（18）选择"横排文字"工具 T.，在适当的位置输入需要的文字并选取文字，在"字符"面板中，将"颜色"设为深灰色（51、51、51），其他选项的设置如图 3-283 所示，按 Enter 键确定操作，效果如图 3-284 所示，在"图层"控制面板中生成新的文字图层。使用相同的方法，分别置入其他图标并输入文字，效果如图 3-285 所示，在"图层"控制面板中分别生成新的图层。

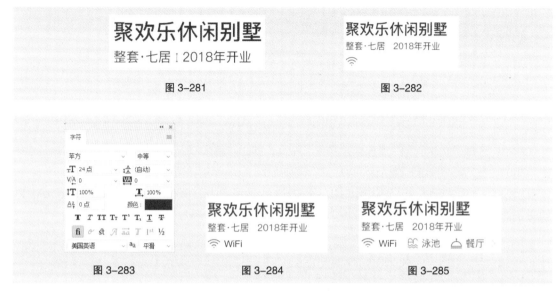

图 3-281

图 3-282

图 3-283

图 3-284

图 3-285

（19）选择"直线"工具 ∕.，在属性栏中将"填充"颜色设为无，"描边"颜色设为灰色（210、210、210），"粗细"选项设为 1 像素，按住 Shift 键的同时，在适当的位置绘制一条竖线，如图 3-286 所示，在"图层"控制面板中生成新的形状图层"形状 2"。在按住 Shift 键的同时，单击"聚欢乐休闲别墅"图层，将需要的图层同时选取，按 Ctrl+G 组合键，将图层编组并将其命名为"详情"，如图 3-287 所示。

图 3-286

图 3-287

（20）选择"横排文字"工具 T.，在适当的位置输入需要的文字并选取文字，在"字符"面板中将"颜色"设为橘黄色（255、151、1），其他选项的设置如图 3-288 所示，按 Enter 键确定操作，在"图层"控制面板中生成新的文字图层。选中文字"4.8"，在"字符"面板中进行设置，如图 3-289 所示，效果如图 3-290 所示。

（21）使用相同的方法，在适当的位置输入需要的文字并选取文字，在"字符"面板中，将"颜色"设为橘黄色（255、151、1），其他选项的设置如图 3-291 所示，按 Enter 键确定操作。再次输入文字，在"字符"面板中，将"颜色"设为灰色（144、145、152），其他选项的设置如图 3-292 所示，按 Enter 键确定操作，效果如图 3-293 所示。在"图层"控制面板中分别生成新的文字图层。

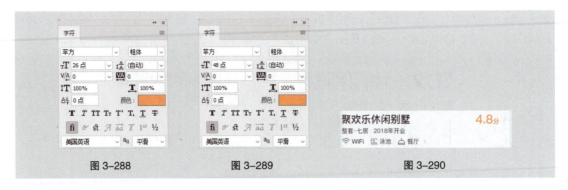

図 3-288　　　　　　　　　　図 3-289　　　　　　　　　　图 3-290

（22）选择"文件"→"置入嵌入对象"命令，弹出"置入嵌入的对象"对话框。选择云盘中的"Ch03"→"制作畅游旅游 App"→"制作畅游旅游 App 酒店详情页"→"素材"→"10"文件，单击"置入"按钮，将图标置入图像窗口中，将其拖曳到适当的位置并调整大小，按 Enter 键确定操作，如图 3-294 所示，在"图层"控制面板中生成新的图层并将其命名为"展开"。

图 3-291　　　　　　　　　　图 3-292　　　　　　　　　　图 3-293　　　　　　　　　　图 3-294

（23）在按住 Shift 键的同时，单击"4.8 分"图层，将需要的图层同时选取，按 Ctrl+G 组合键，编组图层并将其命名为"评分"，如图 3-295 所示。

（24）选择"圆角矩形"工具，在属性栏中将"填充"颜色设为黑色，"描边"颜色设为无，"半径"选项设为 24 像素。在图像窗口中适当的位置绘制圆角矩形，在"图层"控制面板中生成新的形状图层"圆角矩形 2"。在"属性"面板中进行设置，如图 3-296 所示，按 Enter 键确定操作，效果如图 3-297 所示。

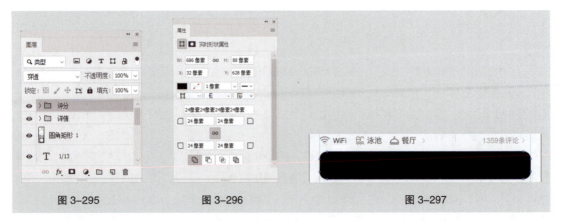

图 3-295　　　　　　　　　　图 3-296　　　　　　　　　　图 3-297

（25）选择"文件"→"置入嵌入对象"命令，弹出"置入嵌入的对象"对话框。选择云盘中的"Ch03"→"制作畅游旅游App"→"制作畅游旅游App酒店详情页"→"素材"→"11"文件，单击"置入"按钮，将图片置入图像窗口中，将其拖曳到适当的位置，按Enter键确定操作，在"图层"控制面板中生成新的图层并将其命名为"地图"。按Alt+Ctrl+G组合键，为图层创建剪贴蒙版，如图3-298所示，效果如图3-299所示。

图3-298   图3-299

（26）选择"横排文字"工具 T.，在适当的位置输入需要的文字并选取文字，在"字符"面板中，将"颜色"设为深灰色（51、51、51），其他选项的设置如图3-300所示，按Enter键确定操作。再次输入文字，在"字符"面板中，将"颜色"设为灰色（144、145、152），其他选项的设置如图3-301所示，按Enter键确定操作，效果如图3-302所示。在"图层"控制面板中分别生成新的文字图层。

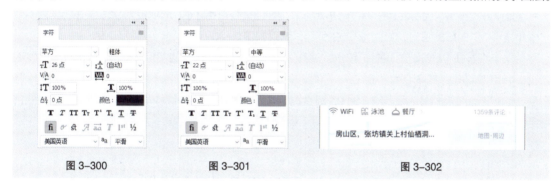

图3-300   图3-301   图3-302

（27）展开"评分"图层组，选中"展开"图层，按Ctrl+J组合键，复制图层，在"图层"控制面板中生成新的图层"展开 拷贝"。将其拖曳到"地图·周边"图层的上方，如图3-303所示。选择"移动"工具 ÷.，在按住Shift键的同时，将图标垂直向下拖曳到适当的位置，效果如图3-304所示。

图3-303   图3-304

（28）折叠"评分"图层组，选择"圆角矩形"工具 ◻，在属性栏中将"填充"颜色设为深蓝色（161、178、198），"描边"颜色设为无，"半径"选项设为 10 像素。在图像窗口中适当的位置绘制圆角矩形，在"图层"控制面板中生成新的形状图层"圆角矩形 3"。在"属性"面板中进行设置，如图 3-305 所示，按 Enter 键确定操作。单击"蒙版"按钮，设置如图 3-306 所示，按 Enter 键确定操作，效果如图 3-307 所示。

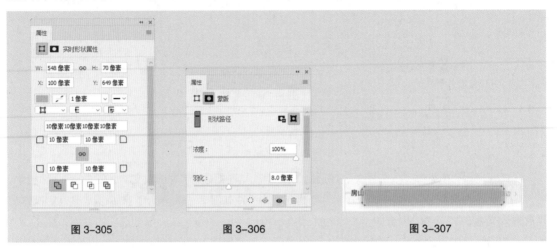

图 3-305　　　　　　　　图 3-306　　　　　　　　图 3-307

（29）在"图层"控制面板中将"圆角矩形 3"图层的"不透明度"选项设为 50%，并将其拖曳到"圆角矩形 2"图层的下方，如图 3-308 所示，效果如图 3-309 所示。

（30）在按住 Shift 键的同时，单击"展开 拷贝"图层，将需要的图层同时选取。按 Ctrl+G 组合键，编组图层并将其命名为"定位"，如图 3-310 所示。在按住 Shift 键的同时，单击"图片"图层，将需要的图层同时选取。按 Ctrl+G 组合键，编组图层并将其命名为"房屋信息"，如图 3-311 所示。

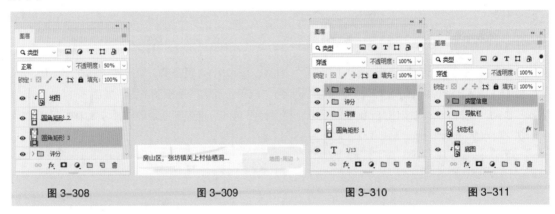

图 3-308　　　　　　　图 3-309　　　　　　　图 3-310　　　　　　　图 3-311

2. 制作内容区和查看房源

（1）选择"视图"→"新建参考线"命令，弹出"新建参考线"对话框，设置如图 3-312 所示，单击"确定"按钮，完成参考线的创建。选择"圆角矩形"工具 ◻，在属性栏中将"填充"颜色设为橘黄色（255、151、1），"描边"颜色设为无，"半径"选项设为 24 像素。在图像窗口中适当的位置绘制圆角矩形，在"图层"控制面板中生成新的形状图层"圆角矩形 4"。在"属性"面板中进行设置，如图 3-313 所示，按 Enter 键确定操作，效果如图 3-314 所示。

图 3-312   图 3-313   图 3-314

（2）选择"横排文字"工具 T.，在适当的位置分别输入需要的文字并选取文字，在"字符"面板中，将"颜色"设为白色，其他选项的设置如图 3-315 所示，按 Enter 键确定操作。再次分别输入文字，在"字符"面板中，将"颜色"设为白色，其他选项的设置如图 3-316 所示，按 Enter 键确定操作，效果如图 3-317 所示。在"图层"控制面板中分别生成新的文字图层。

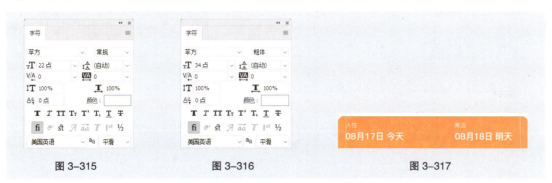

图 3-315   图 3-316   图 3-317

（3）选择"圆角矩形"工具 □.，在属性栏中将"填充"颜色设为深黄色（255、172、52），"描边"颜色设为无，"半径"选项设为 20 像素。在图像窗口中适当的位置绘制圆角矩形，在"图层"控制面板中生成新的形状图层"圆角矩形 5"。在"属性"面板中进行设置，如图 3-318 所示，按 Enter 键确定操作，效果如图 3-319 所示。

（4）选择"横排文字"工具 T.，在适当的位置输入需要的文字并选取文字，在"字符"面板中，将"颜色"设为白色，其他选项的设置如图 3-320 所示，按 Enter 键确定操作，效果如图 3-321 所示。在"图层"控制面板中生成新的文字图层。

（5）展开"定位"图层组，选中"展开 拷贝"图层，如图 3-322 所示。按 Ctrl+J 组合键，复制图层，在"图层"控制面板中生成新的图层"展开 拷贝 2"。将其拖曳到"共 1 晚"图层的上方，如图 3-323 所示。选择"移动"工具 ⊹.，将图标向下拖曳到适当的位置，效果如图 3-324 所示。

（6）单击"图层"控制面板下方的"添加图层样式"按钮 fx.，在弹出的菜单中选择"颜色叠加"命令，弹出对话框，设置叠加颜色为白色，单击"确定"按钮。返回到"颜色叠加"选项卡，其他选项的设置如图 3-325 所示，单击"确定"按钮，效果如图 3-326 所示。

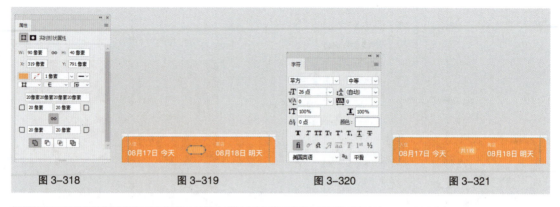

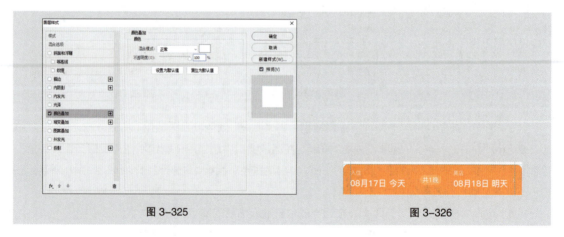

图 3-318　　　　　　　　图 3-319　　　　　　　　图 3-320　　　　　　　　图 3-321

图 3-322　　　　　　　　　图 3-323　　　　　　　　　图 3-324

图 3-325　　　　　　　　　　　　图 3-326

（7）在按住 Shift 键的同时，单击"圆角矩形 4"图层，将需要的图层同时选取。按 Ctrl+G 组合键，编组图层并将其命名为"入住时间"，如图 3-327 所示。选择"视图"→"新建参考线"命令，弹出"新建参考线"对话框，设置如图 3-328 所示，单击"确定"按钮，完成参考线的创建，效果如图 3-329 所示。

（8）选择"圆角矩形"工具◻，在属性栏中将"填充"颜色设为白色，"描边"颜色设为无，"半径"选项设为 24 像素。在图像窗口中适当的位置绘制圆角矩形，在"图层"控制面板中生成新的形状图层"圆角矩形 6"。在"属性"面板中进行设置，如图 3-330 所示，按 Enter 键确定操作，效果如图 3-331 所示。

（9）在属性栏中将"半径"选项设为 25 像素。在图像窗口中适当的位置再次绘制圆角矩形，在

"图层"控制面板中生成新的形状图层"圆角矩形 7"。在"属性"面板中进行设置，如图 3-332 所示，按 Enter 键确定操作，效果如图 3-333 所示。

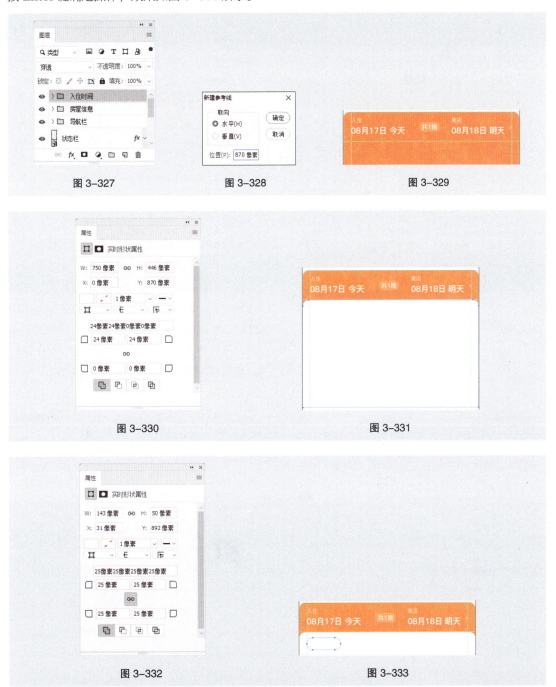

图 3-327　　　　　　　　　图 3-328　　　　　　　　　图 3-329

图 3-330　　　　　　　　　　　　　　　图 3-331

图 3-332　　　　　　　　　　　　　　　图 3-333

（10）选择"横排文字"工具 T.，在适当的位置输入需要的文字并选取文字，在"字符"面板中，将"颜色"设为深灰色（51、51、51），其他选项的设置如图 3-334 所示，按 Enter 键确定操作，效果如图 3-335 所示。在"图层"控制面板中生成新的文字图层。

（11）使用相同的方法，分别复制形状并输入其他文字，效果如图 3-336 所示，在"图层"控制面板中分别生成新的图层。

图 3-334   图 3-335   图 3-336

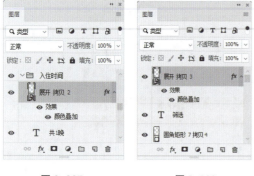

图 3-337   图 3-338

（12）展开"入住时间"图层组，选中"展开 拷贝 2"图层，如图 3-337 所示。按 Ctrl+J 组合 键，复制图层，在"图层"控制面板中生成新的图 层"展开 拷贝 3"。将其拖曳到"筛选"图层的上方， 如图 3-338 所示。

（13）选择"移动"工具 ⊕，将图标向下拖曳 到适当的位置，按 Ctrl+T 组合键，在图形周围出 现变换框，将鼠标指针放在变换框的右下角控制手 柄，鼠标指针变为旋转图标 ↻，在按住 Shift 键的 同时，拖曳鼠标将图标旋转 90°，按 Enter 键确 定操作。单击"图层"控制面板下方的"添加图层样式"按钮 fx，在弹出的菜单中选择"颜色叠加" 命令，弹出对话框，设置叠加颜色为深灰色（51、51、51），单击"确定"按钮。返回到"颜色叠加" 选项卡，其他选项的设置如图 3-339 所示，单击"确定"按钮，效果如图 3-340 所示。

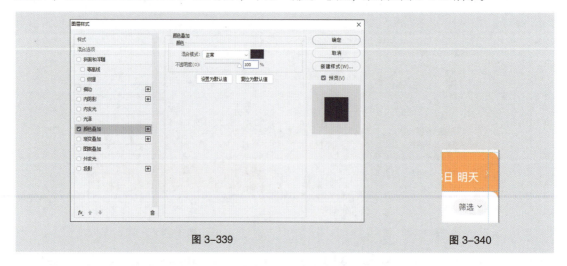

图 3-339   图 3-340

（14）在按住 Shift 键的同时，单击"圆角矩形 6"图层，将需要的图层同时选取。按 Ctrl+G 组合 键，编组图层并将其命名为"选项组"，并折叠"入住时间"图层组，如图 3-341 所示。

（15）选择"直线"工具 ／，在属性栏中将"填充"颜色设为无，"描边"颜色设为灰色（210、 210、210），"粗细"选项设为 1 像素，在按住 Shift 键的同时，在适当的位置绘制一条直线，如图 3-342

所示，在"图层"控制面板中生成新的形状图层"形状 3"。

（16）选择"圆角矩形"工具 □.，在属性栏中将"填充"颜色设为黑色，"描边"颜色设为无，"半径"选项设为 10 像素。在图像窗口中适当的位置绘制圆角矩形，在"图层"控制面板中生成新的形状图层"圆角矩形 8"。在"属性"面板中进行设置，如图 3-343 所示，按 Enter 键确定操作，效果如图 3-344 所示。

图 3-341   图 3-342   图 3-343

（17）选择"文件"→"置入嵌入对象"命令，弹出"置入嵌入的对象"对话框。选择云盘中的"Ch03"→"制作畅游旅游 App"→"制作畅游旅游 App 酒店详情页"→"素材"→"12"文件，单击"置入"按钮，将图片置入图像窗口中，将其拖曳到适当的位置并调整大小，按 Enter 键确定操作，在"图层"控制面板中生成新的图层并将其命名为"图片 1"。按 Alt+Ctrl+G 组合键，为图层创建剪贴蒙版，效果如图 3-345 所示。

（18）选择"横排文字"工具 T.，在适当的位置输入需要的文字并选取文字，在"字符"面板中，将"颜色"设为深灰色（51、51、51），其他选项的设置如图 3-346 所示，按 Enter 键确定操作，效果如图 3-347 所示。在"图层"控制面板中生成新的文字图层。

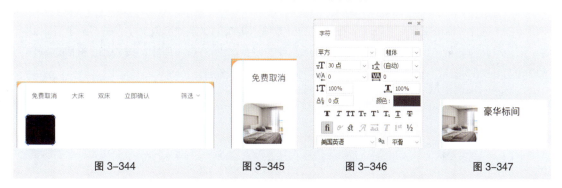

图 3-344   图 3-345   图 3-346   图 3-347

（19）使用相同的方法，在适当的位置输入需要的文字并选取文字，在"字符"面板中，将"颜色"设为浅灰色（153、153、153），其他选项的设置如图 3-348 所示，按 Enter 键确定操作，效果如图 3-349 所示。在"图层"控制面板中生成新的文字图层。选中文字"2"，在"字符"面板中进行设置，如图 3-350 所示，效果如图 3-351 所示。

（20）选择"圆角矩形"工具 □.，在属性栏中将"填充"颜色设为无，"描边"颜色设为橙色

（240、124、20），"粗细"选项设为 1 像素，"半径"选项设为 10 像素。在图像窗口中适当的位置绘制圆角矩形，在"图层"控制面板中生成新的形状图层"圆角矩形 9"。在"属性"面板中进行设置，如图 3-352 所示，按 Enter 键确定操作，效果如图 3-353 所示。

| 图 3-348 | 图 3-349 | 图 3-350 | 图 3-351 |

（21）选择"横排文字"工具 T.，在适当的位置输入需要的文字并选取文字，在"字符"面板中，将"颜色"设为橙色（240、124、20），其他选项的设置如图 3-354 所示，按 Enter 键确定操作，效果如图 3-355 所示。在"图层"控制面板中生成新的文字图层。

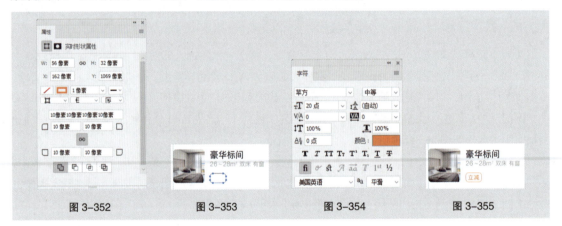

| 图 3-352 | 图 3-353 | 图 3-354 | 图 3-355 |

（22）选择"横排文字"工具 T.，在适当的位置输入需要的文字并选取文字，在"字符"面板中，将"颜色"设为橘黄色（255、151、1），其他选项的设置如图 3-356 所示，按 Enter 键确定操作，效果如图 3-357 所示。在"图层"控制面板中生成新的文字图层。

| 图 3-356 | 图 3-357 |

（23）选中文字"299"，在"字符"面板中进行设置，如图 3-358 所示，效果如图 3-359 所示。

（24）使用相同的方法，在适当的位置输入需要的文字并选取文字，在"字符"面板中，将"颜色"设为浅灰色（153、153、153），其他选项的设置如图 3-360 所示，按 Enter 键确定操作。再次输入需要的文字并选取文字，在"字符"面板中，将"颜色"设为橘黄色（255、151、1），其他选项的设置如图 3-361 所示，按 Enter 键确定操作，效果如图 3-362 所示。在"图层"控制面板中分别生成新的文字图层。

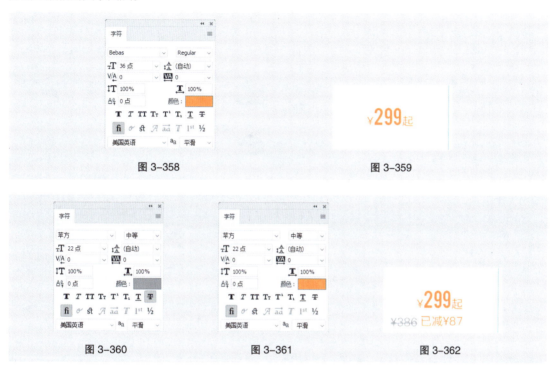

图 3-358   图 3-359

图 3-360   图 3-361   图 3-362

（25）选择"文件"→"置入嵌入对象"命令，弹出"置入嵌入的对象"对话框。选择云盘中的"Ch03"→"制作畅游旅游 App"→"制作畅游旅游 App 酒店详情页"→"素材"→"13"文件，单击"置入"按钮，将图标置入图像窗口中，将其拖曳到适当的位置并调整大小，按 Enter 键确定操作，如图 3-363 所示，在"图层"控制面板中生成新的图层并将其命名为"更多"。

（26）在按住 Shift 键的同时，单击"形状 3"图层，将需要的图层同时选取。按 Ctrl+G 组合键，将图层编组并将其命名为"豪华标间"，如图 3-364 所示。

图 3-363   图 3-364

（27）使用相同的方法分别绘制形状、置入图片、输入文字并编组图层，如图 3-365 所示，效果如图 3-366 所示。

（28）选择"矩形"工具 □，在属性栏中将"填充"颜色设为淡灰色（249、249、249），"描边"颜色设为无。在图像窗口中适当的位置绘制矩形，在"图层"控制面板中生成新的形状图层"矩形 2"。在"属性"面板中进行设置，如图 3-367 所示，按 Enter 键确定操作。将"矩形 2"图层拖曳到"套间"图层组下方，如图 3-368 所示，效果如图 3-369 所示。

图 3-365　　　　　　　　　　　　　图 3-366

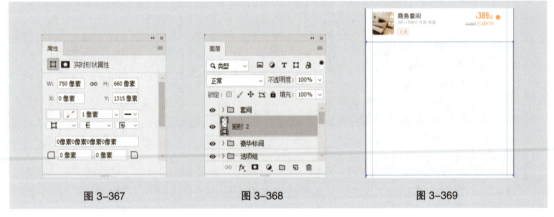

图 3-367　　　　　　　图 3-368　　　　　　　图 3-369

（29）在"图层"控制面板中选中"套间"图层组。选择"横排文字"工具 T.，在适当的位置输入需要的文字并选取文字，在"字符"面板中，将"颜色"设为深灰色（51、51、51），其他选项的设置如图 3-370 所示，按 Enter 键确定操作，效果如图 3-371 所示。在"图层"控制面板中生成新的文字图层。

图 3-370　　　　　　　　　　　　　图 3-371

（30）展开"定位"图层组，选中"展开 拷贝"图层，如图 3-372 所示。按 Ctrl+J 组合键，复制图层，在"图层"控制面板中生成新的图层"展开 拷贝 4"。将其拖曳到"大床 无早"图层的上方，如图 3-373 所示。选择"移动"工具 ✛.，将图标向下拖曳到适当的位置，效果如图 3-374 所示。

图 3-372　　　　　　　　图 3-373　　　　　　　　图 3-374

（31）选择"横排文字"工具 T.，在适当的位置输入需要的文字并选取文字，在"字符"面板中，将"颜色"设为绿色（85、188、106），其他选项的设置如图 3-375 所示，按 Enter 键确定操作。再次输入需要的文字并选取文字，在"字符"面板中，将"颜色"设为浅灰色（153、153、153），其他选项的设置如图 3-376 所示，按 Enter 键确定操作，效果如图 3-377 所示。在"图层"控制面板中分别生成新的文字图层。

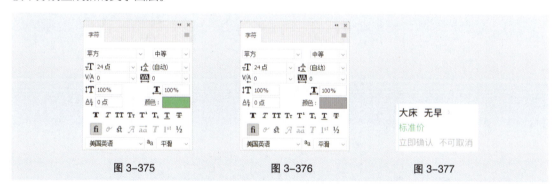

图 3-375　　　　　　　　图 3-376　　　　　　　　图 3-377

（32）选择"圆角矩形"工具 □.，在属性栏中将"填充"颜色设为无，"描边"颜色设为棕色（161、136、107），"粗细"选项设为 1 像素，"半径"选项设为 6 像素。在图像窗口中适当的位置绘制圆角矩形，在"图层"控制面板中生成新的形状图层"圆角矩形 10"。在"属性"面板中进行设置，如图 3-378 所示，按 Enter 键确定操作，效果如图 3-379 所示。

（33）选择"横排文字"工具 T.，在适当的位置输入需要的文字并选取文字，在"字符"面板中，将"颜色"设为棕色（161、136、107），其他选项的设置如图 3-380 所示，按 Enter 键确定操作，效果如图 3-381 所示。在"图层"控制面板中生成新的文字图层。

（34）使用相同的方法分别绘制形状并输入文字，效果如图 3-382 所示。在按住 Shift 键的同时，单击"圆角矩形 10"图层，将需要的图层同时选取。按 Ctrl+G 组合键，将图层编组并将其命名为"权益"，如图 3-383 所示。

（35）选择"横排文字"工具 T.，在适当的位置输入需要的文字并选取文字，在"字符"面板中，将"颜色"设为橘黄色（255、151、1），其他选项的设置如图 3-384 所示，按 Enter 键确定操作，效果如图 3-385 所示，在"图层"控制面板中生成新的文字图层。选中文字"389"，在"字符"面板中进行设置，如图 3-386 所示，效果如图 3-387 所示。

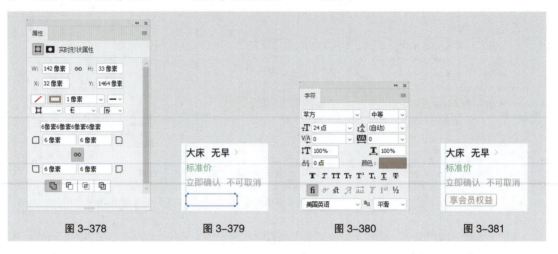

图 3-378　　　　　　图 3-379　　　　　　图 3-380　　　　　　图 3-381

图 3-382　　　　　　　　　　　　图 3-383

图 3-384　　　　　　图 3-385　　　　　　图 3-386　　　　　　图 3-387

（36）选择"圆角矩形"工具，在属性栏中将"填充"颜色设为无，"描边"颜色设为黑色，"粗细"选项设为 1 像素，"半径"选项设为 4 像素。在图像窗口中适当的位置绘制圆角矩形，在"图层"控制面板中生成新的形状图层"圆角矩形 11"。在"属性"面板中进行设置，如图 3-388 所示，按 Enter 键确定操作，效果如图 3-389 所示。

（37）按 Ctrl+J 组合键，复制图层，在"图层"控制面板中生成新的形状图层"圆角矩形 11

拷贝"。在"属性"面板中进行设置，如图 3-390 所示，按 Enter 键确定操作，效果如图 3-391 所示。

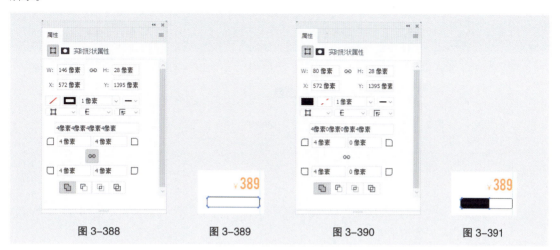

图 3-388   图 3-389   图 3-390   图 3-391

（38）单击"图层"控制面板下方的"添加图层样式"按钮 *fx.*，在弹出的菜单中选择"渐变叠加"命令，弹出对话框，单击"渐变"选项右侧的"点按可编辑渐变"按钮 ▇▇▇▇▇ ，弹出"渐变编辑器"对话框，在"位置"选项中分别输入 0、100 两个位置点，分别设置两个位置点颜色的 RGB 值为 0（0、0、0）、100（65、65、65），如图 3-392 所示，单击"确定"按钮。返回到"渐变叠加"选项卡，其他选项的设置如图 3-393 所示，单击"确定"按钮。

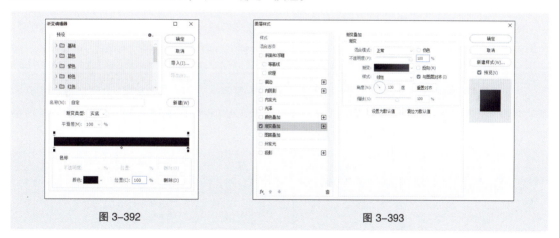

图 3-392   图 3-393

（39）选择"横排文字"工具 **T.**，在适当的位置输入需要的文字并选取文字，在"字符"面板中，将"颜色"设为浅棕色（201、176、132），其他选项的设置如图 3-394 所示，按 Enter 键确定操作，效果如图 3-395 所示。在"图层"控制面板中生成新的文字图层。

（40）使用相同的方法，在适当的位置再次输入需要的文字并选取文字，在"字符"面板中，将"颜色"设为黑色，其他选项的设置如图 3-396 所示，按 Enter 键确定操作，在"图层"控制面板中生成新的文字图层。

（41）选中文字"339"，在"字符"面板中进行设置，如图 3-397 所示，效果如图 3-398 所示。在按住 Shift 键的同时，单击"圆角矩形 11"图层，将需要的图层同时选取。按 Ctrl+G 组合键，编组图层并将其命名为"会员价"，如图 3-399 所示。

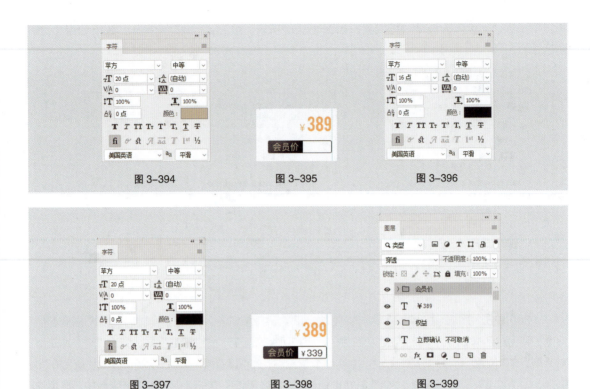

图 3-394   图 3-395   图 3-396

图 3-397   图 3-398   图 3-399

（42）选择"圆角矩形"工具 ▢，在属性栏中将"填充"颜色设为橘黄色（255、151、1），"描边"颜色设为无，"半径"选项设为 24 像素。在图像窗口中适当的位置绘制圆角矩形，在"图层"控制面板中生成新的形状图层"圆角矩形 12"。在"属性"面板中进行设置，如图 3-400 所示，按 Enter 键确定操作，效果如图 3-401 所示。

（43）选择"横排文字"工具 T，在适当的位置输入需要的文字并选取文字，在"字符"面板中，将"颜色"设为白色，其他选项的设置如图 3-402 所示，按 Enter 键确定操作，效果如图 3-403 所示。在"图层"控制面板中生成新的文字图层。

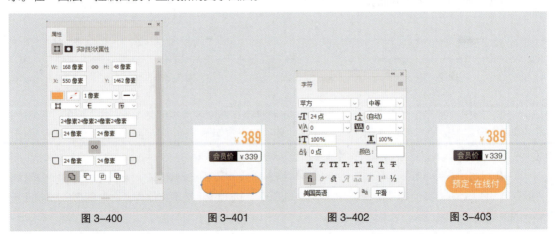

图 3-400   图 3-401   图 3-402   图 3-403

（44）选择"直线"工具 ⟋，在属性栏中将"填充"颜色设为无，"描边"颜色设为灰色（225、225、225），"粗细"选项设为 1 像素，在按住 Shift 键的同时，在适当的位置绘制一条直线，如图 3-404

所示，在"图层"控制面板中生成新的形状图层"形状4"。

（45）在按住Shift键的同时，单击"大床 无早"图层，将需要的图层和图层组同时选取。按Ctrl+G组合键，编组图层并将其命名为"套餐1"，如图3-405所示。

图 3-404   图 3-405

（46）使用相同的方法分别绘制形状、输入文字并编组图层，如图3-406所示，效果如图3-407所示。在按住Shift键的同时，单击"矩形2"图层，将需要的图层和图层组同时选取。按Ctrl+G组合键，编组图层并将其命名为"商务套房"，如图3-408所示。

图 3-406   图 3-407   图 3-408

（47）使用上述的方法分别绘制形状、置入图片、输入文字并编组图层，如图3-409所示，效果如图3-410所示。在按住Shift键的同时，单击"入住时间"图层组，将需要的图层组同时选取。按Ctrl+G组合键，编组图层并将其命名为"内容区"，如图3-411所示。

图 3-409   图 3-410   图 3-411

（48）选择"视图"→"新建参考线"命令，弹出"新建参考线"对话框，设置如图3-412所示，单击"确定"按钮，完成参考线的创建。选择"矩形"工具 ▢，在属性栏中将"填充"颜色设为白色，"描边"颜色设为无。在图像窗口中适当的位置绘制矩形，在"图层"控制面板中生成新的形状图层"矩形3"。在"属性"面板中进行设置，如图3-413所示。使用上述的方法，制作"预定按钮"图层组，效果如图3-414所示。

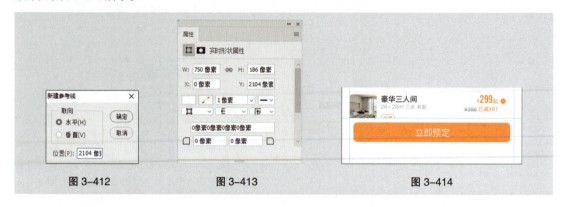

图 3-412　　　　　　　　　图 3-413　　　　　　　　　图 3-414

（49）选择"矩形"工具 ▢，在属性栏中将"填充"颜色设为棕色（155、118、65），"描边"颜色设为无。在图像窗口中适当的位置绘制矩形，在"图层"控制面板中生成新的形状图层"矩形4"。在"属性"面板中进行设置，如图3-415所示，按Enter键确定操作。单击"蒙版"按钮，设置如图3-416所示，按Enter键确定操作，效果如图3-417所示。

（50）在"图层"控制面板中将"矩形4"图层的"不透明度"选项设为10%，并将其拖曳到"矩形3"图层的下方，如图3-418所示，效果如图3-419所示。

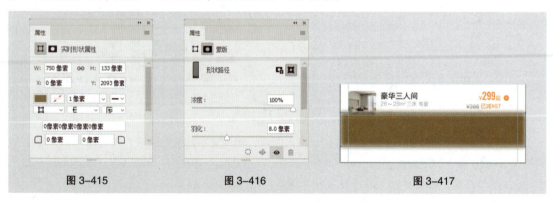

图 3-415　　　　　　　　　图 3-416　　　　　　　　　图 3-417

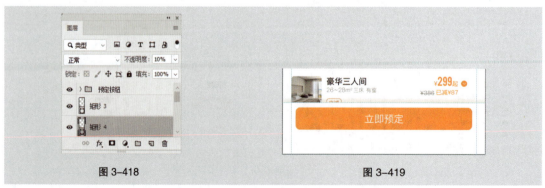

图 3-418　　　　　　　　　　　　　　　　图 3-419

（51）在按住Shift键的同时，单击"预定按钮"图层组，将需要的图层和图层组同时选取。按

Ctrl+G 组合键，编组图层并将其命名为"查看房源"，如图 3-420 所示。

（52）选择"文件"→"置入嵌入对象"命令，弹出"置入嵌入的对象"对话框。选择云盘中的"Ch03"→"制作畅游旅游 App"→"制作畅游旅游 App 酒店详情页"→"素材"→"15"文件，单击"置入"按钮，将图片置入图像窗口中，将其拖曳到适当的位置，按 Enter 键确定操作，效果如图 3-421 所示，在"图层"控制面板中生成新的图层并将其命名为"Home Indicator"。畅游旅游 App 酒店详情页制作完成。

图 3-420　　　　　　　　　　　　　　　　图 3-421

3.4.6　课堂案例——制作畅游旅游 App 注册登录页

【案例学习目标】学习使用形状工具、文字工具和添加图层样式命令制作畅游旅游 App 注册登录页。

【案例知识要点】使用圆角矩形工具和直线工具绘制形状，使用置入嵌入对象命令置入图片和图标，使用颜色叠加命令添加效果，使用横排文字工具输入文字，效果如图 3-422 所示。

【效果所在位置】云盘 /Ch03/ 制作畅游旅游 App/ 制作畅游旅游 App 注册登录页 / 工程文件 .psd。

慕课视频
制作畅游旅游
App 登录页

图 3-422

具体步骤如下。

（1）按 Ctrl+N 组合键，弹出"新建文档"对话框，将"宽度"设为 750 像素，"高度"设为 1624 像素，"分辨率"设为 72 像素 / 英寸，"背景内容"设为白色，如图 3-423 所示。单击"创建"按钮，完成文档新建。

（2）选择"文件"→"置入嵌入对象"命令，弹出"置入嵌入的对象"对话框。选择云盘中的"Ch03"→"制作畅游旅游 App"→"制作畅游旅游 App 注册登录页"→"素材"→"01"文件，单击"置入"按钮，将图片置入图像窗口中，将其拖曳到适当的位置并调整大小，按 Enter 键确定操作，效果如图 3-424 所示，在"图层"控制面板中生成新的图层并将其命名为"底图"。

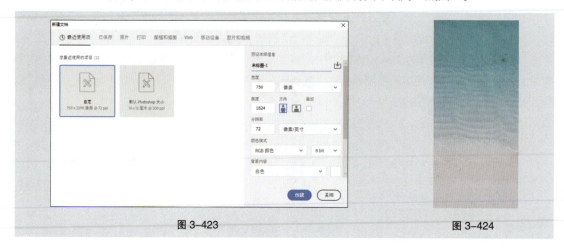

图 3-423　　　　　　　　　　　　　　　　　　　图 3-424

（3）单击"图层"控制面板下方的"添加图层样式"按钮 fx.，在弹出的菜单中选择"颜色叠加"命令，弹出对话框，设置叠加颜色为深灰色（51、51、51），单击"确定"按钮。返回到"颜色叠加"选项卡，其他选项的设置如图 3-425 所示，单击"确定"按钮，效果如图 3-426 所示。

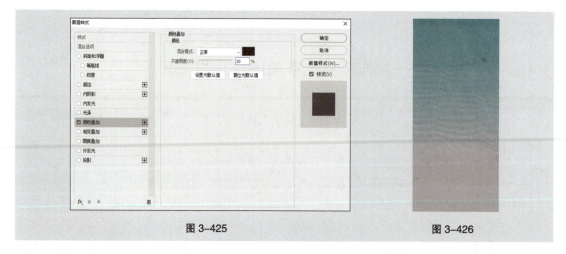

图 3-425　　　　　　　　　　　　　　　　　　　图 3-426

（4）选择"视图"→"新建参考线版面"命令，弹出"新建参考线版面"对话框，设置如图 3-427 所示。单击"确定"按钮，完成参考线的创建，效果如图 3-428 所示。

（5）选择"文件"→"置入嵌入对象"命令，弹出"置入嵌入的对象"对话框。选择云盘中的"Ch03"→"制作畅游旅游 App"→"制作畅游旅游 App 注册登录页"→"素材"→"02"文件，单击"置入"按钮，将图片置入图像窗口中，将其拖曳到适当的位置，按 Enter 键确定操作，效果如图 3-429 所示，在"图层"控制面板中生成新的图层并将其命名为"状态栏"。

（6）选择"视图"→"新建参考线"命令，弹出"新建参考线"对话框，设置如图 3-430 所示，单击"确定"按钮，完成参考线的创建，效果如图 3-431 所示。

（7）选择"文件"→"置入嵌入对象"命令，弹出"置入嵌入的对象"对话框。选择云盘中的"Ch03"→"制作畅游旅游 App"→"制作畅游旅游 App 注册登录页"→"素材"→"03"文件，单击"置入"按钮，将图标置入图像窗口中，将其拖曳到适当的位置并调整大小，按 Enter 键确定操作，效果如图 3-432 所示，在"图层"控制面板中生成新的图层并将其命名为"返回"。

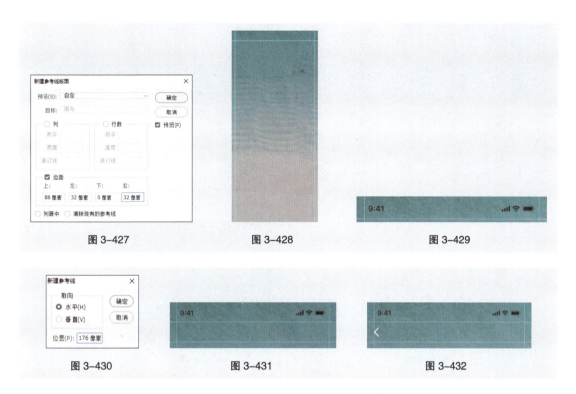

图 3-427   图 3-428   图 3-429

图 3-430   图 3-431   图 3-432

（8）使用相同的方法，置入"04"文件，将图标拖曳到适当的位置并调整大小，按 Enter 键确定操作，在"图层"控制面板中生成新的图层并将其命名为"关闭"，如图 3-433 所示，效果如图 3-434 所示。在按住 Shift 键的同时，单击"返回"图层，将需要的图层同时选取，按 Ctrl+G 组合键，编组图层并将其命名为"导航栏"，如图 3-435 所示。

图 3-433   图 3-434   图 3-435

（9）选择"横排文字"工具 T.，在适当的位置输入需要的文字并选取文字，选择"窗口"→"字符"命令，弹出"字符"面板，将"颜色"设为白色，其他选项的设置如图 3-436 所示，按 Enter 键确定操作。再次输入文字，在"字符"面板中，将"颜色"设为白色，其他选项的设置如图 3-437 所示，按 Enter 键确定操作，效果如图 3-438 所示。在"图层"控制面板中分别生成新的文字图层。

（10）选择"横排文字"工具 T.，在适当的位置输入需要的文字并选取文字，选择"窗口"→"字符"命令，弹出"字符"面板，将"颜色"设为白色，其他选项的设置如图 3-439 所示，按 Enter 键确定操作，效果如图 3-440 所示，在"图层"控制面板中生成新的文字图层。

图 3-436　　　　　　　　图 3-437　　　　　　　　图 3-438

图 3-439　　　　　　　　　　　图 3-440

（11）选择"直线"工具 ，在属性栏中将"填充"颜色设为无，"描边"颜色设为白色，"粗细"选项设为 1 像素，在按住 Shift 键的同时，在适当的位置绘制一条直线，在"图层"控制面板中生成新的形状图层"形状 1"，如图 3-441 所示，效果如图 3-442 所示。

图 3-441　　　　　　　　　　　图 3-442

（12）在"图层"控制面板中，在按住 Shift 键的同时，单击"账号"图层，将需要的图层同时选取。按 Ctrl+G 组合键，编组图层并将其命名为"未填充"，设置图层组的"不透明度"选项为40%，如图 3-443 所示，效果如图 3-444 所示。

（13）将"未填充"图层组拖曳到"图层"控制面板下方的"创建新图层"按钮 上进行复制，生成新的图层组并将其命名为"已填充"，设置图层组的"不透明度"选项为 100%。单击"未填充"图层组左侧的眼睛图标 ，隐藏该图层组，如图 3-445 所示。

（14）展开"已填充"图层组，选中"账号"图层，如图 3-446 所示。选择"横排文字"工具 ，选取文字并修改文字，效果如图 3-447 所示。

（15）选取文字"*******"，如图 3-448 所示。在"字符"面板中，设置"设置基线偏移"选项为 −10

点，如图 3-449 所示，效果如图 3-450 所示。

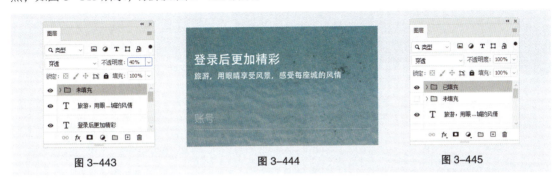

图 3-443　　　　　　　　图 3-444　　　　　　　　图 3-445

（16）选择"直线"工具 ╱，在属性栏中将"填充"颜色设为无，"描边"颜色设为白色，"粗细"选项设为 1 像素，在按住 Shift 键的同时，在适当的位置绘制一条竖线，在"图层"控制面板中生成新的形状图层"形状 2"，如图 3-451 所示，效果如图 3-452 所示。折叠"已填充"图层组。

（17）在"图层"控制面板中，在按住 Shift 键的同时，单击"未填充"图层组，将需要的图层组同时选取。按 Ctrl+G 组合键，将图层组编组并将其命名为"文本框控件"，如图 3-453 所示。

（18）选择"横排文字"工具 T.，在适当的位置输入需要的文字并选取文字，在"字符"面板中，将"颜色"设为白色，其他选项的设置如图 3-454 所示，按 Enter 键确定操作，在"图层"控制面板中生成新的文字图层。设置"不透明度"选项为 50%，如图 3-455 所示，效果如图 3-456 所示。

图 3-446

图 3-447

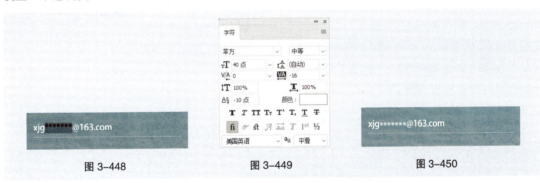

图 3-448　　　　　　　　图 3-449　　　　　　　　图 3-450

图 3-451　　　　　　　　图 3-452　　　　　　　　图 3-453

图 3-454 图 3-455 图 3-456

（19）选择"直线"工具 ✐，在属性栏的"选择工具模式"选项中选择"形状"，将"填充"颜色设为无，"描边"颜色设为白色，"粗细"选项设为 1 像素，在按住 Shift 键的同时，在适当的位置绘制一条直线，在"图层"控制面板中生成新的形状图层"形状 3"。设置"不透明度"选项为 50%，如图 3-457 所示，效果如图 3-458 所示。

（20）选择"文件"→"置入嵌入对象"命令，弹出"置入嵌入的对象"对话框。选择云盘中的"Ch03"→"制作畅游旅游 App"→"制作畅游旅游 App 注册登录页"→"素材"→"05"文件，单击"置入"按钮，将图标置入图像窗口中，将其拖曳到适当的位置并调整大小，按 Enter 键确定操作，如图 3-459 所示，在"图层"控制面板中生成新的图层并将其命名为"隐藏"。

图 3-457

图 3-458

（21）使用相同的方法，置入"06"文件，将图标拖曳到适当的位置并调整大小，按 Enter 键确定操作，在"图层"控制面板中生成新的图层并将其命名为"显示"，单击图层左侧的眼睛图标 ◉，隐藏图层，如图 3-460 所示。在按住 Shift 键的同时，单击"密码"图层，将需要的图层同时选取，按 Ctrl+G 组合键，编组图层并将其命名为"密码"，如图 3-461 所示。

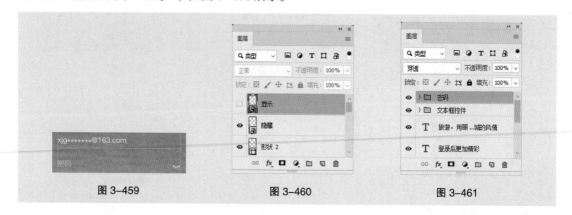

图 3-459 图 3-460 图 3-461

（22）按 Ctrl + O 组合键，打开云盘中的"Ch03"→"制作畅游旅游 App"→"制作畅游旅游 App 注册登录页"→"素材"→"05.psd"文件，在"图层"控制面板中，选中"选择控件"图层组。选择"移动"工具 ✛，将选取的图层组拖曳到新建的图像窗口中适当的位置，如图 3-462 所示，效果如图 3-463 所示。

图 3-462   图 3-463

（23）选择"横排文字"工具 T.，在适当的位置输入需要的文字并选取文字，在"字符"面板中，将"颜色"设为白色，其他选项的设置如图 3-464 所示，按 Enter 键确定操作，在"图层"控制面板中生成新的文字图层。分别选中文字"《用户协议》"和"《隐私保护》"，在"字符"面板中，将"颜色"设为橘黄色（255、151、1），其他选项的设置如图 3-465 所示，按 Enter 键确定操作，效果如图 3-466 所示。

图 3-464   图 3-465   图 3-466

（24）选择"圆角矩形"工具 □.，在属性栏中将"填充"颜色设为橘黄色（255、151、1），"描边"颜色设为无，"半径"选项设为 56 像素。在图像窗口中适当的位置绘制圆角矩形，在"图层"控制面板中生成新的形状图层"圆角矩形 3"。在"属性"面板中进行设置，如图 3-467 所示，按 Enter 键确定操作，效果如图 3-468 所示。

图 3-467   图 3-468

（25）选择"横排文字"工具 T.，在适当的位置输入需要的文字并选取文字，在"字符"面板中，将"颜色"设为白色，其他选项的设置如图3-469所示，按 Enter 键确定操作，在"图层"控制面板中生成新的文字图层。设置"不透明度"选项为30%，如图3-470所示，效果如图3-471所示。

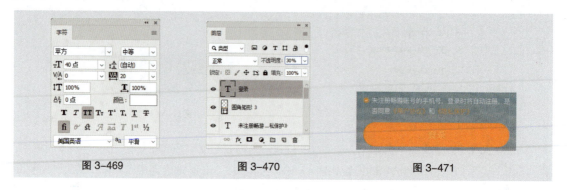

图 3-469　　　　　　　　图 3-470　　　　　　　　图 3-471

（26）在按住 Shift 键的同时，单击"圆角矩形3"图层，将需要的图层同时选取，按 Ctrl+G 组合键，编组图层并将其命名为"登录（禁用状态）"，如图3-472所示。

（27）按 Ctrl+J 组合键，复制图层组，在"图层"控制面板中生成新的图层组，并将其命名为"登录（默认状态）"。展开图层组，选中"登录"图层，设置"不透明度"选项为100%，如图3-473所示，效果如图3-474所示。

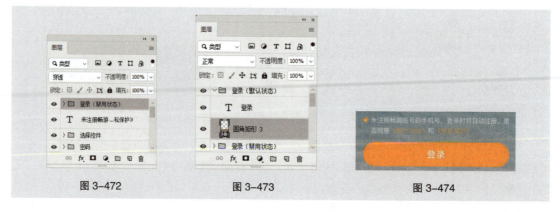

图 3-472　　　　　　　　图 3-473　　　　　　　　图 3-474

（28）单击"登录（默认状态）"图层左侧的眼睛图标 ⊙，隐藏图层组并折叠图层组，如图3-475所示。在按住 Shift 键的同时，单击"登录（禁用状态）"图层组，将需要的图层组同时选取，按 Ctrl+G 组合键，编组图层组并将其命名为"登录按钮"，如图3-476所示。

图 3-475　　　　图 3-476

（29）选择"横排文字"工具 T.，在适当的位置分别输入需要的文字并选取文字，在"字符"面板中，将"颜色"设为白色，其他选项的设置如图3-477所示，按 Enter 键确定操作，效果如图3-478所示，在"图层"控制面板中分别生成新的文字图层。

（30）选择"直线"工具 ∠.，在属性栏的"选择工具模式"选项中选择"形状"，将"填充"

颜色设为无，"描边"颜色设为白色，"粗细"选项设为 1 像素，在按住 Shift 键的同时，在适当的位置绘制一条直线，效果如图 3-479 所示，在"图层"控制面板中生成新的形状图层"形状 4"。

图 3-477　　　　　　　　　图 3-478

（31）选择"横排文字"工具 **T.**，在适当的位置输入需要的文字并选取文字，在"字符"面板中，将"颜色"设为白色，其他选项的设置如图 3-480 所示，按 Enter 键确定操作，效果如图 3-481 所示，在"图层"控制面板中生成新的文字图层。

图 3-479　　　　　　　图 3-480　　　　　　　图 3-481

（32）选择"文件"→"置入嵌入对象"命令，弹出"置入嵌入的对象"对话框。选择云盘中的"Ch03"→"制作畅游旅游 App"→"制作畅游旅游 App 注册登录页"→"素材"→"08"文件，单击"置入"按钮，将图标置入图像窗口中，将其拖曳到适当的位置并调整大小，按 Enter 键确定操作，如图 3-482 所示，在"图层"控制面板中生成新的图层并将其命名为"微信"。

图 3-482　　　　　　　　图 3-483

（33）使用相同的方法，置入"09"和"10"文件，将图标分别拖曳到适当的位置，按 Enter 键确定操作，在"图层"控制面板中分别生成新的图层并将其分别命名为"QQ"和"微博"，如图 3-483 所示。在按住 Shift 键的同时，单击"其他登录方式"图层，将需要的图层同时选取，按 Ctrl+G 组合键，将图层编组并将其命名为"其他登录方式"，如图 3-484 所示。在按住 Shift 键的同时，单击"登录后更加精彩"图层，将需要的图层同时选取，按 Ctrl+G 组合键，将图层编组并将其命名为"内容区"，如图 3-485 所示。

（34）选择"文件"→"置入嵌入对象"命令，

图 3-484　　　　　　　图 3-485

弹出"置入嵌入的对象"对话框。选择云盘中的"Ch03"→"制作畅游旅游 App"→"制作畅游旅游 App 注册登录页"→"素材"→"11"文件，单击"置入"按钮，将图片置入图像窗口中并拖曳到适当的位置，按 Enter 键确定操作，在"图层"控制面板中生成新的图层并将其命名为"Home Indicator"，设置"不透明度"选项为 60%，如图 3-486 所示，效果如图 3-487 所示。畅游旅游 App 注册登录页制作完成。

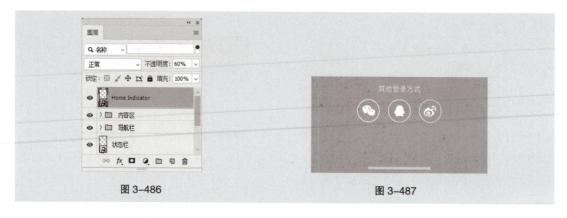

图 3-486   图 3-487

3.5 课堂练习——制作潮货电商 App

【案例学习目标】学习使用形状工具、文字工具、创建剪贴蒙版命令和添加图层样式命令制作潮货电商 App。

【案例知识要点】使用圆角矩形工具、矩形工具、椭圆工具和直线工具绘制形状，使用置入嵌入对象命令置入图片和图标，使用创建剪贴蒙版命令调整图片显示区域，使用"属性"面板制作弥散投影，使用横排文字工具输入文字，效果如图 3-488 所示。

【效果所在位置】云盘 /Ch03/ 制作潮货电商 App。

图 3-488

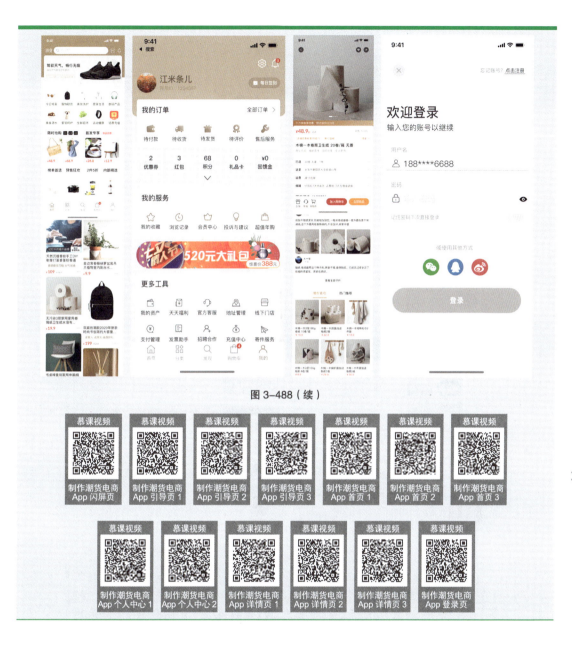

图 3-488（续）

3.6　课后习题——制作三餐美食类 App

【案例学习目标】学习使用形状工具、文字工具和创建剪贴蒙版命令制作三餐美食类 App。

【案例知识要点】使用圆角矩形工具、矩形工具、椭圆工具和直线工具绘制形状，使用置入嵌入对象命令置入图片和图标，使用创建剪贴蒙版命令调整图片显示区域，使用"属性"面板制作弥散投影，使用横排文字工具输入文字，效果如图 3-489 所示。

【效果所在位置】云盘 /Ch03/ 制作三餐美食类 App。

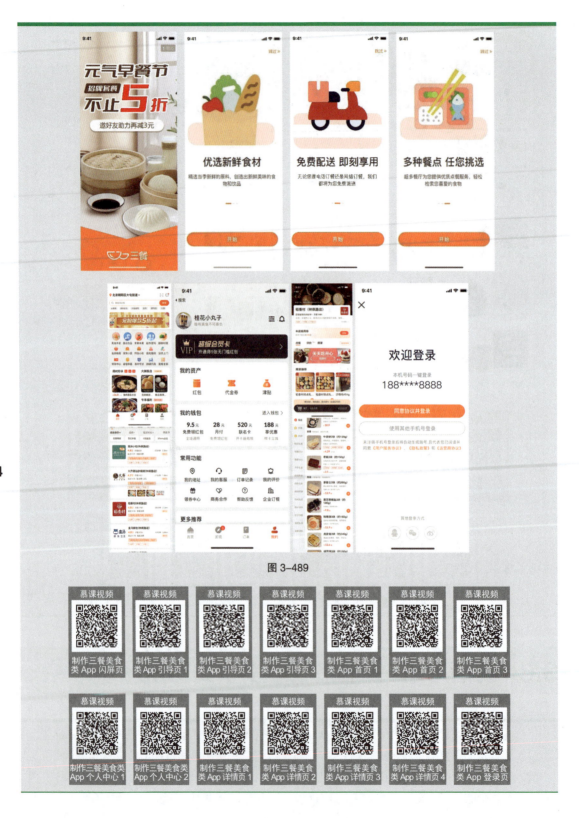

图 3-489

第 4 章
网页界面设计

04

▶ 本章介绍

　　由于设备的不同，网页界面设计相对于 App 界面设计，有着更加丰富的内容。本章对网页界面设计的基础知识、网页界面的设计规范、网页常用的界面类型以及网页界面的绘制方法进行系统讲解。通过本章的学习，读者可以对网页界面设计有一个基本的认识，并快速掌握绘制网页常用界面的规范和方法。

学习目标

知识目标

1. 熟悉网页界面设计的基础知识

2. 掌握网页界面的设计规范

3. 明确网页常用的界面类型

慕课视频
网页界面设计

能力目标

1. 明确网页界面的设计思路

2. 掌握网站首页的绘制方法

3. 掌握网站列表页的绘制方法

4. 掌握网站详情页的绘制方法

素质目标

1. 培养良好的网页界面设计习惯

2. 培养对网页界面的审美鉴赏能力

3. 培养有关网页界面设计的创意能力

4.1 网页界面设计的基础知识

网页界面设计的基础知识包括网页界面设计的概念、网页界面设计的流程以及网页界面设计的原则。

4.1.1 网页界面设计的概念

网页界面设计主要是根据企业向用户传递的信息进行网站功能策划，然后进行界面设计、美化的设计工作。网页界面设计涵盖用于制作和维护网站的许多不同的设计，包含信息架构设计、网页图形设计、用户界面设计、用户体验设计，以及品牌标识设计和 Banner 设计等，如图 4-1 所示。

图 4-1

4.1.2 网页界面设计的流程

网页界面设计的流程包括网站策划、资料收集、交互设计、交互自查、界面设计、测试验证等环节，如图 4-2 所示。

图 4-2

1. 网站策划

网页界面设计是根据品牌的调性、网站的定位而进行的，对于不同主题的网页，其界面的设计风格也会有区别。因此，应先分析需求，了解用户特征，并进行相关竞品的调研，从而明确设计方向，策划网站风格等，如图 4-3 所示。

2. 资料收集

根据初步确定的设计方向和界面风格,进行网页界面相关的资料收集以及整理,为接下来的交互设计做准备,如图 4-4 所示。

图 4-3   图 4-4

3. 交互设计

交互设计是对整个网站设计进行初步构思和制定的环节。一般需要进行架构设计、流程图设计、线框图设计、原型图设计等具体工作,原型图设计如图 4-5 所示。为了方便后续的界面设计工作,线框图和原型图可直接使用 Photoshop 或 Sketch 软件进行设计。

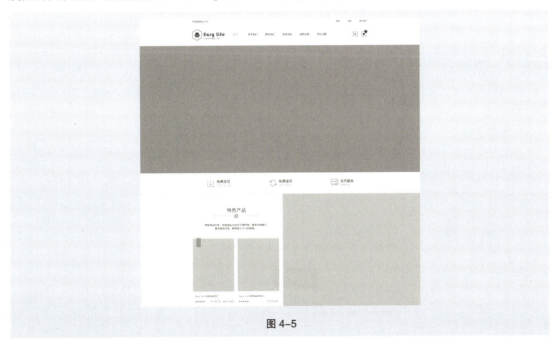

图 4-5

4. 交互自查

交互设计完成之后,进行交互自查,这是整个网页界面设计流程中非常重要的一个环节。交互自查可以在进行界面设计之前检查出网站设计是否有遗漏、缺失等细节问题,具体可以参考 App 界面设计流程中的交互自查。

5. 界面设计

线框图、原型图通过审查后，便可以进入界面的视觉设计环节，这个环节的最终设计图即网站最终呈现给用户的界面。界面设计要求设计规范，图片、内容真实，如图 4-6 所示。

6. 测试验证

测试验证是网页界面设计的最后一个环节，如图 4-7 所示。测试验证是指让具有代表性的用户进行典型操作，设计人员和开发人员在此环节共同观察、记录，可以对设计的细节进行相关的调整。最后将整理好的网页界面文件运用文件传送协议（File Transfer Protocol，FTP）传输到网络上，以供用户访问。

图 4-6   图 4-7

4.1.3 网页界面设计的原则

网页界面设计的原则可以分为直截了当、简化交互、足不出户、提供邀请、巧用过渡、即时反应六大原则。

1. 直截了当

直截了当是指"所见即所得"的直接操作原则。例如，用户不用为了编辑内容而打开另一个页面，可以直接在页面内实现编辑，如图 4-8 所示。

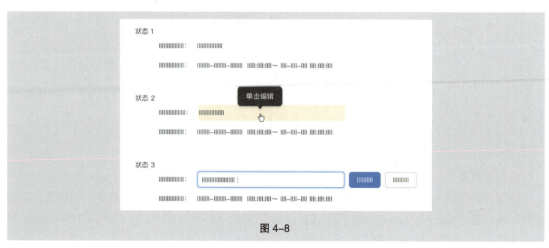

图 4-8

2. 简化交互

简化交互即充分理解用户的意图，令用户操作简便，不为用户造成麻烦。使用页面内容中的操作工具，将交互操作和信息内容融合，从而简化交互。如图 4-9 所示，在状态 1 中信息内容左侧设计了一个可单击的控件，当鼠标指针悬停时，变成状态 2，此时鼠标指针变为"手形"，控件底色也发生了变化，提醒用户单击。当用户单击后，变成状态 3，此时的状态和未单击时的状态有了明显的区别。

3. 足不出户

任何页面频繁刷新和跳转都会引起盲视，打断用户心流（Flow，是一种将个人精力完全投注在某种活动上的感觉）。适当地运用覆盖层、嵌入层、虚拟页面以及流程处理等方法，将操作保持在同一个页面中进行，可以方便用户操作。如图 4-10 所示，通过单击左侧的展开控件，查看某个列表项的详情信息，以保证用户不必跳转页面，打断心流。

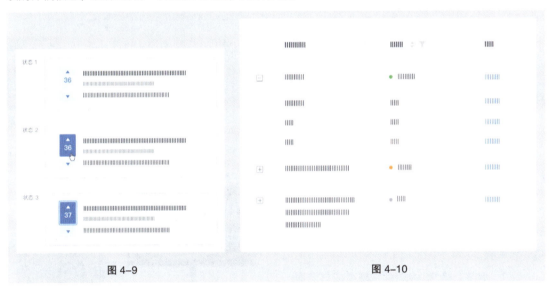

图 4-9   图 4-10

4. 提供邀请

邀请是用于引导用户进入下一个交互层次的暗示和提醒。例如在"拖放""行内编辑""上下文工具"等一大堆交互需要处理时，都可能发生部分交互被用户忽视的问题。所以向用户提供预期功能邀请、引导操作邀请以及白板式邀请等邀请是顺利完成交互的关键。在没有活动时，通过醒目的按钮邀请用户创建活动，如图 4-11 所示。

图 4-11

5. 巧用过渡

在界面中，适当加入一些翻转、传送带以及滑入／滑出等过渡效果，能让界面生动有趣，同时也能向用户揭示界面元素间的关系，如图 4-12 所示。

6. 即时反应

即时反应是指用户进行操作或者系统内部数据发生了变化后，系统立即给出对应的反馈。如自动完成、实时建议、实时搜索等工具经过适当组合，随着用户输入不同的内容，实时显示搜索结果，如图 4-13 所示，能为用户带来高度灵敏的界面。

图 4-12　　　　　　　　　　　　　　　图 4-13

4.2　网页界面的设计规范

　　网页界面的设计规范可以通过网页界面设计的尺寸及单位、界面结构、布局、文字及图标 5 个方面进行剖析。

慕课视频

网页界面的设计规范

4.2.1　网页界面设计的尺寸及单位

1. 相关单位

　　（1）英寸。英寸（inch）是英式的长度单位，用 in 表示。一般 1in=2.54cm。许多显示设备经常用 in 来表示大小。目前主流的台式机显示器尺寸一般为 21.5in、24in、27in、32in，主流的笔记本电脑屏幕尺寸一般为 13.3in、14in、15.6in。27in 的台式机显示器（左）15.6in 的笔记本电脑（右）如图 4-14 所示。

　　（2）像素。像素（pixel）是组成屏幕画面最小的点，用 px 表示。把屏幕中的图像无限放大，会发现图像是由一个个小点组成的，这些小点就是像素。使用 Photoshop 软件设计

图 4-14

界面的网页设计师使用的单位都是像素，在 Photoshop 中设计网页界面的单位如图 4-15 所示。

图 4-15

（3）分辨率。分辨率（Resolution）即屏幕中像素的数量，它等于画面水平方向的像素值 × 画面垂直方向的像素值。屏幕尺寸一样的情况下，分辨率越高，显示效果就越精细。如 14in 屏幕的分辨率是 1366px×768px，也有的是 1920px×1080px，如图 4-16 所示，1920px×1080px 的显示效果会比 1366px×768px 的好。

1366px×768px　　1920px×1080px

图 4-16

2. 设计尺寸

（1）页面宽度。网页中常见的设备尺寸及市场占有率如图 4-17 所示。在进行界面设计时，结合市场占有率并让设计出的界面能够适应宽度至少为 1920px 的屏幕，UI 界面设计师都是以 1920px×1080px 为基准进行设计的。使用 Photoshop 时推荐创建宽度为 1920px 的画布，高度根据网页的要求设定即可。

设备	屏幕宽度/px	屏幕最小高度/px	市场占有率/%
PC端	1920	1080	22.38
	1366	768	18.43
	1536	864	10.58
	1440	900	6.28
	1280	800	5.87
	1600	900	3.33
平板电脑端	768	1024	36.26
	1280	800	6.67
	810	1080	5.94
	800	1280	5.71
	601	962	4.75
	962	601	3.1
手机端	360	800	8.36
	414	896	7.67
	360	640	6.73
	375	667	4.86
	390	844	4.81
	375	812	4.72

以上数据来源于 Statcounter Global Stats 2021年1月—2022年1月

图 4-17

只要设计出宽度为 1920px 的 PC 端的设计稿，我们就可以通过前端实现响应式设计，适配移动端，满足用户的浏览需求。对于如电商类网站等比较复杂的功能性网站，需要单独设计移动端网页。此时网页的宽度可以以 iPhone 6/6s/7/8 的屏幕宽度为基准，设为 750px，方便适配其他移动设备。

（2）安全宽度。安全宽度即内容安全区域的宽度值，可以确保网页在不同计算机的分辨率下都可以正常显示页面中的元素。在网页页面宽度为 1920px 时，常用的安全宽度如图 4-18 所示。

常用平台	淘宝	天猫	京东	Bootstrap 3.x	Bootstrap 4.x
安全宽度/px	950	990	990	1170	1200

图 4-18

其中 Bootstrap 是前端的开发框架，因此除淘宝、天猫和京东等平台具有固定的安全宽度以外，其他网站在 1920px 的网页页面上设置的安全宽度通常采用 Bootstrap 4.x 的安全宽度 1200px。

（3）首屏高度。用户打开计算机或移动设备中的浏览器时，在不滚动屏幕的情况下，第一眼看到的画面高度就是首屏高度。通常首屏以内的页面关注度有八成以上，首屏以外的页面关注度不足两成，因此首屏的设计在网站设计中非常重要。首屏高度需要减去菜单栏以及状态栏的高度，如图 4-19 所示。

浏览器	状态栏/px	菜单栏/px	滚动条/px	市场份额（国内）/%
Chrome浏览器	22（浮动出现）	60	15	8
火狐浏览器	20	132	15	1
IE浏览器	24	120	15	35
360安全浏览器	24	140	15	28
傲游浏览器	24	147	15	1
搜狗浏览器	25	163	15	5

图 4-19

如果以 1080px 为基准，将减去菜单栏以及状态栏后的高度作为设计稿的首屏高度，这样的设计稿在其他分辨率较低的屏幕上，其图片的核心内容会因为屏幕太"矮"而被剪裁掉。因此，综合分辨率及浏览器的统计数据，首屏参考线高度建议为 768px，图像可视区、核心内容安全高度建议为 560px，如图 4-20 所示。

图片尺寸/px	首屏参考线高度参考值/px	图像可视区、核心内容安全高度参考值/px	说明
1280×850	850	620	—
1366×768	768	560	—
1680×1050 1440×900	900	710	—
1920×1080 1920×1200	1080	855	常用
2560×1600 2880×1800	1600	1220	常用于 Retina 屏

图 4-20

4.2.2　网页界面设计的界面结构

网页界面主要由页头（Header）、内容主体（Body）、页脚（Footer）组成。其中页头包含网站标识、导航等元素，内容主体包含横幅和内容相关的信息，页脚包含、版权信息，如图 4-21 所示。

图 4-21

4.2.3 网页界面设计的布局

1. 页面分割

与 App 界面设计一样，在网页中，我们也可以利用一系列垂直和水平的参考线，将页面分割成若干个有规律的列或格子，分割后的列或格子统称为网格系统。以这些列或格子为基准进行的页面的布局设计，可以使布局规范、简洁、有秩序，如图 4-22 所示。

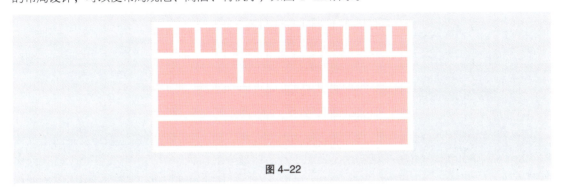

图 4-22

2. 网格系统的组成

（1）单元格。网格系统的基本单位是单元格。设计师需要先定义好网格系统的单元格大小。

常见 PC 端网页的最小单位的边长有 4px、6px、8px、10px、12px，目前主流计算机设备的屏幕分辨率在垂直与水平方向上基本都可以被 8 整除，同时以 8px 作为单元格的边长，用户在视觉感受上也较为舒适。因此推荐使用 8px 作为单元格的边长，如图 4-23 所示。

利用 8px 建立单元格后，需要使用 8 的倍数设置元素以及元素之间的间距。同时注意不要全部间距都套用 8 的倍数，可以优先用 8，当跨度太大时也可以使用其他常见的 PC 端网页最小单位。

（2）列 + 水槽 + 边距。当确定好单元格后，则需要确定列、水槽和边距这 3 个元素，如图 4-24 所示。其中列是放置内容的区域。水槽是列与列之间的距离。边距是内容与屏幕左右边缘之间的距离。

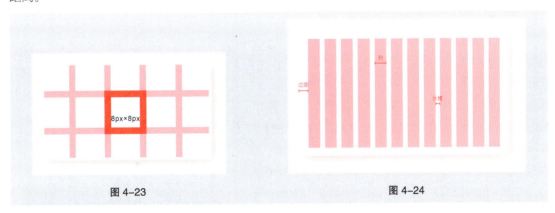

图 4-23   图 4-24

3. 网格系统的搭建

（1）确定屏幕宽度。搭建网格系统的第一步是创建画布。针对不同的设计项目，屏幕宽度设置也会不同，宽度设置的具体数值可以查看 4.2.1 小节"网页界面设计的尺寸及单位"。

（2）确定网格区域。确定好网页的尺寸，接下来需要确定网格区域。网格区域应在结合尺寸的基础上，根据不同的布局进行确定。如果是宽度为 1920px 的上下布局的网页，通常网格区域会在中间的安全宽度区域，不同布局的网页的网格区域如图 4-25 所示。

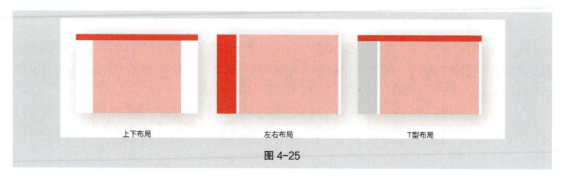

图 4-25

（3）确定列数、水槽、边距。

● 列数。

PC 端网页常用 12 列网格和 24 列网格，如图 4-26 所示。12 列网格在前端开发开源工具库 Bootstrap 与 Foundation 中广泛使用，适用于业务信息分组较少的中后台页面设计。24 列网格适用于业务信息量大、信息分组较多的中后台页面设计。移动端网页则以 6 列网格和 12 列网格为主。

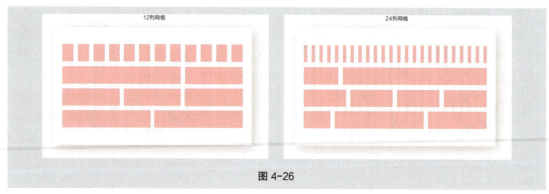

图 4-26

● 水槽。

水槽以及横向间距的宽度可以依照单元格的边长 8px 为增量进行统一设置，如 8px、16px、24px、32px、40px，如图 4-27 所示。设计中常用的是 24px。移动端网页可根据 App 界面设计规范选择水槽，一般有 24px、30px、32px、40px，建议采用 32px 的水槽宽度。

● 边距。

边距宽度通常是水槽宽度的 0、0.5、1.0、1.5、2.0 倍。以 1920px 的设计稿为例，网格系统一般在 1200px 的安全区域建立，此时内容与屏幕左右边缘已经有了一定距离，边距可以根据画面美观度及"呼吸感"进行选择，如图 4-28 所示。移动端网页可根据 App 界面设计规范选择边距，一般有 20px、24px、30px、32px、40px 以及 50px，建议采用 30px 的边距宽度。

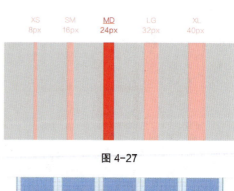

图 4-27

图 4-28

<table>
<tr><td>知识拓展</td><td>到网上搜索 Grid.Guide，在该网站中可以很方便地制定多种网格布局方案，快速搭建网格系统，如图 4-29 所示。

图 4-29</td></tr>
</table>

4.2.4　网页界面设计的文字

1. Web 安全字体

Web 安全字体是用户系统中自带的字体，如 Windows 的微软雅黑、macOS 的苹方。另外 CSS 定义了 5 种通用字体系列：Serif 字体、Sans-serif 字体、Monospace 字体、Cursive 字体、Fantasy 字体。根据开发优先级、设计美观度，从高到低将常见的 Web 安全字体进行排列，如图 4-30 所示。

Windows的Web安全字体	macOS的Web安全字体	非衬线安全字体	衬线安全字体	等宽安全字体
微软雅黑（Microsoft YaHei）	苹方（PingFang SC）	Helvetica	Georgia	Menlo
黑体（SimHei）	冬青黑体（Hiragino Sans GB）	Arial	Times	Monaco
宋体（SimSun）	华文细黑（STHeiti Light, ST Xihei）	Tahoma	Times New Roman	Lucida Console
新宋体（NSimSun）	华文黑体（STHeiti）	Trebuchet MS	Palatino	Courier
仿宋（FangSong）	华文楷体（STKaiti）	Verdana	Palatino Linotype	Courier New
楷体（KaiTi）	华文宋体（STSong）	Arial Black	Garamond	Consolas
仿宋_GB2312	华文仿宋（STFangsong）	Impact	Bookman	
楷体_GB2312		Charcoal	Book Antiqua	
		Geneva		
		Gadget		
		Lucida Sans Unicode		
		Lucida Grande		
		Comic Sans MS		
		Cursive		

图 4-30

设计师在进行视觉设计时，中文通常使用微软雅黑、宋体、苹方，英文和数字通常使用 Serif 字体中的 Helvetica、Arial 以及 Sans-serif 字体中的 Georgia、Times New Roman。

2. 字号大小

基于用户计算机显示器的阅读距离（50cm）以及最佳阅读角度（30°），14pt 字号能够保证用户在多数常用显示器上的阅读效率，如图 4-31 所示。

我们以 14pt 字号为默认字号，并运用不同的字号和字重体现网页中的视觉信息层次，如图 4-32

所示。移动端网页中的字号选择可以参考第 3 章"App 界面设计"。

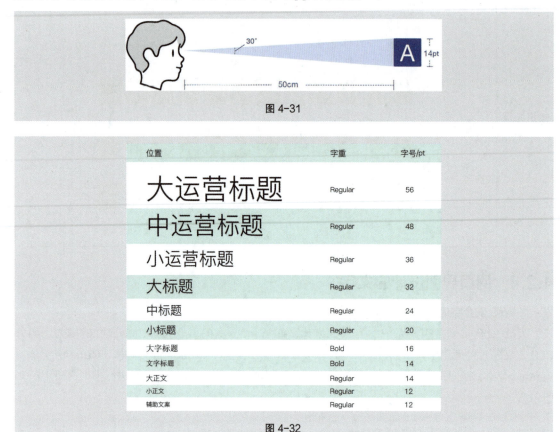

图 4-31

位置	字重	字号/pt
大运营标题	Regular	56
中运营标题	Regular	48
小运营标题	Regular	36
大标题	Regular	32
中标题	Regular	24
小标题	Regular	20
大字标题	Bold	16
文字标题	Bold	14
大正文	Regular	14
小正文	Regular	12
辅助文案	Regular	12

图 4-32

3. 文字字重

在大部分情况下，常用 Regular 和 Medium 两种字重，分别对应 CSS 语言中 font-weight 属性的 400 和 500。在英文字体加粗的情况下会采用 Semibold 字重，对应代码中的 600，如图 4-33 所示。

Regular (400)   Medium (500)   Semibold (600)

图 4-33

4. 文字行高

应给不同字号的文字设置对应的行高，这样才可以维持网页中文字的秩序美。在版式设计中，西文的行高基本是字号的 1.2 倍，中文的行高基本是字号的 1.5 倍~ 2 倍。在网页设计中，可以参考版面设计的字号设置规律，或使用 Ant Design 定义的 10 个不同字号以及与之对应的行高，如图 4-34 所示。

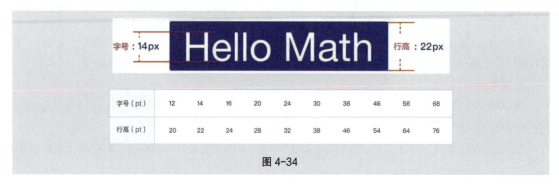

字号（pt）	12	14	16	20	24	30	38	46	56	68
行高（pt）	20	22	24	28	32	38	46	54	64	76

图 4-34

<table>
<tr><td>知识拓展</td><td>

Ant Design 是经过大量的项目实践和总结开发出的一套设计语言与研发框架，如图 4-35 所示。其中文字行高是该语言受到五声音阶以及自然规律的启发而定义的。这套文字行高的规律为 "字号 +8= 行高"。

图 4-35

</td></tr>
</table>

5. 字间距

不同的字母有不同的外形，如果使用相同的字间距会造成字母显示不协调，因此需要调整字间距来提升文字的可读性，如图 4-36 所示。使用 Photoshop 进行网页设计时，将 "字符" 面板中的字间距选择为 "视觉"，排版文字的可读性最佳，如图 4-37 所示。

图 4-36   图 4-37

6. 行间距

行间距让字与字之间有了 "可呼吸" 的空间，行间距对文章的易读性有很大影响。网页设计中的行间距可以使用 Ant Design 定义的固定数值 8px，即行高减去字号的数值，如图 4-38 所示。需要注意的是，使用 Photoshop 进行网页设计时，"字符" 面板中的行距并不等同于这里的行间距，在 Photoshop 里的行距需要根据文字行高的规范进行设置，如图 4-39 所示。

7. 段落间距

段落间距能够保持页面的 "节奏"，它的设置与行高和行间距有着密切联系。段落间距建议设置为行高与两倍行间距之和，如图 4-40 所示。

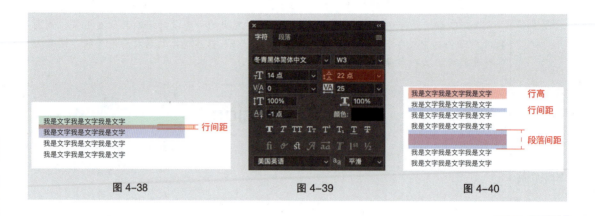

图 4-38   图 4-39   图 4-40

4.2.5 网页界面设计的图标

1. 设计尺寸

通常在 1024px×1024px 的画板中制作图标，需留出 64px 的边距，如图 4-41 所示，保证不同面积的图标有协调一致的视觉效果。

Ant Design 提供了 6 种图标设计中常用的基本形式供网页设计师参考，以便网页设计师快速地调用并在此基础上做变形，如图 4-42 所示。

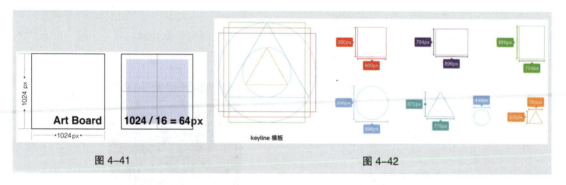

图 4-41   图 4-42

2. 设计元素

Ant Design 中将常见的基本元素归纳为点、线、圆角、三角。基本元素在使用时的尺寸如图 4-43 所示。

点的尺寸	线的尺寸	圆角的尺寸	三角的尺寸
80	56	8	144
96	64	16	216
112	72	32	240
128	80	64	264
...	...	...	...

图 4-43

- 点：Ant Design 建议，在点的尺寸选择上采用 16 的倍数这一原则。常用点的 4 种尺寸分别为 80、96、112、128，如图 4-44 所示。
- 线：Ant Design 在线的粗度上采用 8 的倍数这一原则，线的粗度以 8 的倍数递增。常用线的 4 种尺寸分别为 56、64、72、80，如图 4-45 所示。

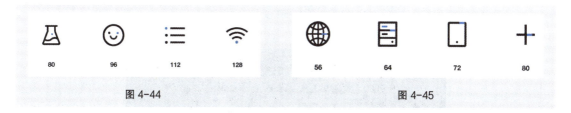

图 4-44   图 4-45

- 圆角：Ant Design 对于圆角的尺寸选择采取的也是 8 的倍数这一原则，常用的圆角的 3 种尺寸分别为 8、16、32。其中图标内角使用直角的处理方式，如图 4-46 所示。
- 三角：Ant Design 将常用的三角的角度定在约 76°，如图 4-47 所示。

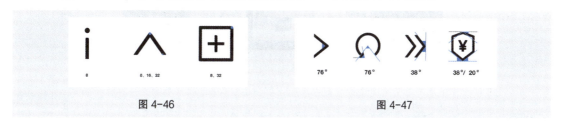

图 4-46   图 4-47

Ant Design 除了定义角度，对图标中实心箭头的尺寸也做了调整。在图标顶角保持约 76° 的基础上，宽度使用 8 倍数的原则，当图标放大或缩小时，宽度变化的间隔建议为 24 的倍数。图标的 W 为宽度、H 为高度，单位可以是 pt 或 px，如图 4-48 所示。

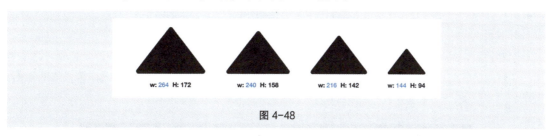

图 4-48

3. 视觉平衡

Ant Design 在图标造型、摆放角度以及留白空间 3 个方面，通过对基本元素进行规格上的微调来实现图标的平衡感。

（1）图标造型：弯曲的线条在视觉上比竖直的线条看起来细，因此需要对 72px 尺寸的圆形外边框进行 4px 的微调，如图 4-49 所示。

（2）摆放角度：倾斜的线条同样在视觉上会比竖直的线条看起来细，因此需要对倾斜的线条进行 4px 的微调，如图 4-50 所示。

（3）留白空间：当图形的留白不足时，可通过调整线条的粗细来平衡视觉重量，如图 4-51 所示。

4. 使用原则

为支持响应式设计，交付前端的图标应尽量使用可缩放的矢量图形（Scalable Vector Graphics，SVG）格式，或者将图标直接上传到 iconfont 中，让前端直接调用图标。iconfont 阿里巴巴矢量图标库如图 4-52 所示。

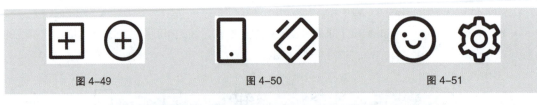

图 4-49   图 4-50   图 4-51

图 4-52

慕课视频

网页常用的界面类型

4.3 网页常用的界面类型

网页界面设计是影响整个网站用户体验的关键。在网页界面设计中，常用界面类型为首页、列表页、详情页、专题页、控制台页以及表单页。

1. 首页

网站首页，又称为网站主页，通常是用户通过搜索引擎访问网站时所看到的首个页面。首页是用户了解网站的第一步，通常会包含产品展示图、产品介绍信息、用户注册登录入口等，如图 4-53 所示。

图 4-53

2. 列表页

列表页，又称为"List 页"，是对信息进行归类管理，便于用户快速查看基本信息及操作的页面。在列表页中，设计的关键在于信息的可阅读性及可操作性，如图 4-54 所示。

图 4-54

3. 详情页

详情页是产品信息的主要承载页面，对于信息效率和优先级判定有一定的要求。清晰的布局能令用户快速看到关键信息，提高决策效率，如图 4-55 所示。

图 4-55

4. 专题页

专题页是针对特定的主题而制作的页面，包括网站相应模块、频道所涉及的功能以及该主题事件的相关内容。专题页因为信息丰富、设计精美，会吸引大量用户，如图 4-56 所示。

图 4-56

5. 控制台页

控制台页，又称为"Dashboard"，集合了如数字、图形以及文案等大量多样化的信息，可以直观地将关键信息展示给用户。在控制台页中，设计的关键是清晰地向用户展示复杂的信息，如图 4-57 所示。

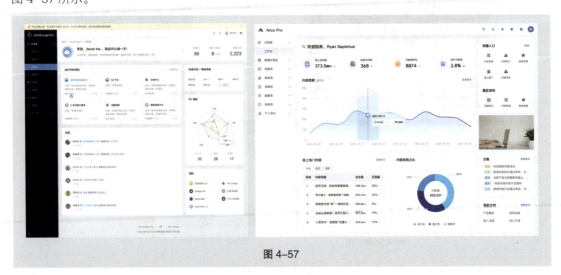

图 4-57

6. 表单页

表单页通常用来执行登录、注册、预订、下单、评论等任务，是网站中数据输入必不可少的页面模式。舒适的表单设计，可以引导用户高效地完成表单背后的工作流程，如图 4-58 所示。

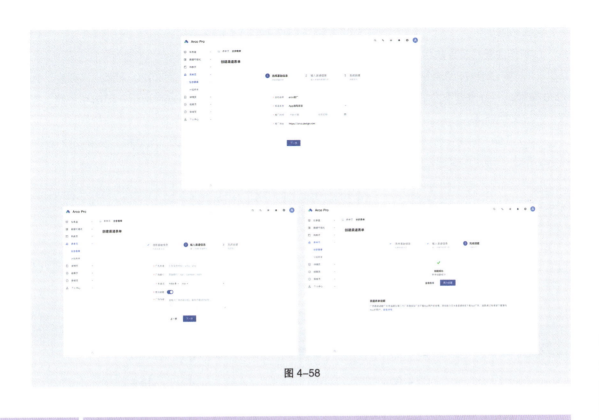

图 4-58

4.4 课堂案例——制作东方木品家居电商网站

4.4.1 课堂案例——制作东方木品家居电商网站首页

【案例学习目标】学习使用形状工具、文字工具和添加图层蒙版制作东方木品家居电商网站首页。

【案例知识要点】使用矩形工具添加底图颜色，使用"置入嵌入对象"命令置入图片和图标，使用添加图层蒙版按钮调整图片显示区域，使用横排文字工具添加文字，使用多边形工具、直线工具绘制基本形状，最终效果如图 4-59 所示。

【效果所在位置】云盘 /Ch04/ 制作东方木品家居电商网站 / 制作东方木品家居电商网站首页 / 工程文件 .psd。

图 4-59

慕课视频　慕课视频　慕课视频　慕课视频　慕课视频

制作东方木品家居电商网站首页 1　制作东方木品家居电商网站首页 2　制作东方木品家居电商网站首页 3　制作东方木品家居电商网站首页 4　制作东方木品家居电商网站首页 5

具体步骤如下。

1. 制作注册栏及导航栏

（1）按 Ctrl+N 组合键，弹出"新建文档"对话框，设置"宽度"为 1920 像素，"高度"为 5380 像素，"分辨率"为 72 像素 / 英寸，"背景内容"为白色，如图 4-60 所示，单击"创建"按钮，完成文档新建。

（2）选择"视图"→"新建参考线版面"命令，弹出"新建参考线版面"对话框，设置如图 4-61 所示。单击"确定"按钮，完成参考线的创建。

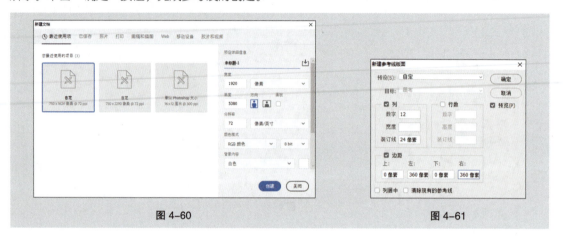

图 4-60　　　　　　　　　　　　　　　　图 4-61

（3）选择"视图"→"新建参考线"命令，弹出"新建参考线"对话框，在 40 像素的位置新建一条水平参考线，设置如图 4-62 所示，单击"确定"按钮，完成参考线的创建，效果如图 4-63 所示。

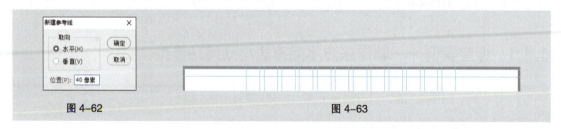

图 4-62　　　　　　　　　　　　　　　　图 4-63

（4）选择"横排文字"工具 **T.**，在适当的位置输入需要的文字并选取文字。选择"窗口"→"字符"命令，弹出"字符"面板，在面板中将"颜色"设为灰色（59、59、59），其他选项的设置如图 4-64 所示，按 Enter 键确定操作，效果如图 4-65 所示。用相同的方法在适当的位置分别输入需要的文字，效果如图 4-66 所示，在"图层"控制面板中分别生成新的文字图层。

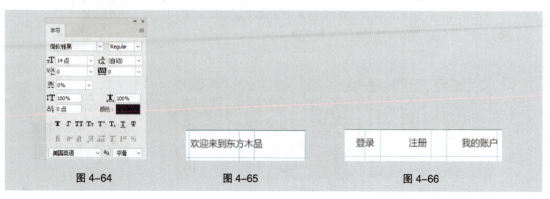

图 4-64　　　　　　　图 4-65　　　　　　　图 4-66

（5）选择"直线"工具 ∕.，在属性栏的"选择工具模式"选项中选择"形状"，将"填充"颜色设为无，"描边"颜色设为灰色（131、128、128），"粗细"选项设为1像素。在按住 Shift 键的同时，在图像窗口中适当的位置绘制直线，如图 4-67 所示，在"图层"控制面板中生成新的形状图层"形状 1"。

（6）选择"移动"工具 ✛.，在按住 Alt+Shift 组合键的同时，将直线向左拖曳至适当的位置，复制图形，效果如图 4-68 所示，在"图层"控制面板中生成新的形状图层"形状 1 拷贝"。

（7）在按住 Shift 键的同时，单击"欢迎来到东方木品"图层，将需要的图层同时选取，按 Ctrl+G 组合键，编组图层并将其命名为"注册栏"，如图 4-69 所示。

图 4-67 　　　　　　　图 4-68 　　　　　　　图 4-69

（8）选择"视图"→"新建参考线"命令，弹出"新建参考线"对话框，在 180 像素（距离上方参考线 140 像素）的位置新建一条水平参考线，设置如图 4-70 所示，单击"确定"按钮，完成参考线的创建，效果如图 4-71 所示。

图 4-70 　　　　　　　　　　　　　图 4-71

（9）选择"文件"→"置入嵌入对象"命令，弹出"置入嵌入的对象"对话框，选择云盘中的"Ch04"→"制作东方木品家居电商网站"→"制作东方木品家居电商网站首页"→"素材"→"01"文件，单击"置入"按钮，将图片置入图像窗口中，将其拖曳到适当的位置并调整大小，按 Enter 键确定操作，效果如图 4-72 所示，在"图层"控制面板中生成新的图层并将其命名为"logo"。

（10）选择"横排文字"工具 T.，在适当的位置输入需要的文字并选取文字。在"字符"面板中，将"颜色"设为浅棕色（195、135、73），其他选项的设置如图 4-73 所示，按 Enter 键确定操作。用相同的方法在适当的位置分别输入需要的文字并选取文字，填充为灰色（59、59、59），效果如图 4-74 所示。在"图层"控制面板中分别生成新的文字图层。

（11）选择"矩形"工具 ▢.，在属性栏中将"填充"颜色设为无，"描边"颜色设为灰色（52、52、52），"粗细"选项设为1像素。在按住 Shift 键的同时，在图像窗口中适当的位置绘制矩形，如图 4-75 所示，在"图层"控制面板中生成新的形状图层"矩形 1"。

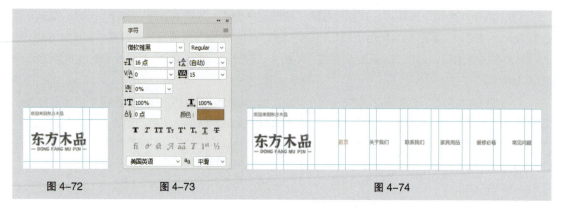

图 4-72　　　　　图 4-73　　　　　　　　　　　　图 4-74

（12）选择"移动"工具 ⊕，在按住 Alt+Shift 组合键的同时，将矩形向右拖曳至适当的位置，复制图形，效果如图 4-76 所示，在"图层"控制面板中生成新的形状图层"矩形 1 拷贝"。

（13）按 Ctrl + O 组合键，打开云盘中的"Ch04"→"制作东方木品家居电商网站"→"制作东方木品家居电商网站首页"→"素材"→"02"文件，选择"移动"工具 ⊕，将"搜索"图形拖曳到图像窗口中适当的位置并调整大小，效果如图 4-77 所示，在"图层"控制面板中生成新的形状图层"搜索"。

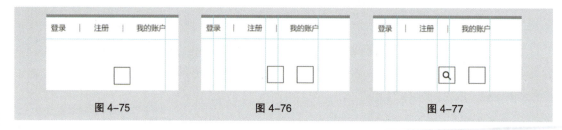

图 4-75　　　　　　　图 4-76　　　　　　　　图 4-77

（14）在"02"图像窗口中，选择"移动"工具 ⊕，选中"购物车"图层，将其拖曳到图像窗口中适当的位置并调整大小，效果如图 4-78 所示，在"图层"控制面板中生成新的形状图层"购物车"。

（15）选择"多边形"工具 ◯，在属性栏中将"边"选项设为 6。在按住 Shift 键的同时，在图像窗口中适当的位置绘制多边形，在属性栏中将"填充"颜色设为灰色（52、52、52），"描边"颜色设为无，如图 4-79 所示，在"图层"控制面板中生成新的形状图层"多边形 1"。

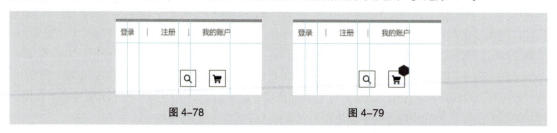

图 4-78　　　　　　　　　　　图 4-79

（16）选择"横排文字"工具 T，在适当的位置输入需要的文字并选取文字。在"字符"面板中，将"颜色"设为白色，其他选项的设置如图 4-80 所示，按 Enter 键确定操作，效果如图 4-81 所示，在"图层"控制面板中生成新的文字图层。

（17）在按住 Shift 键的同时，单击"logo"图层，将需要的图层同时选取，按 Ctrl+G 组合键，编组图层并将其命名为"导航栏"，如图 4-82 所示。

| 图 4-80 | 图 4-81 | 图 4-82 |

2. 制作 Banner

（1）选择"视图"→"新建参考线"命令，弹出"新建参考线"对话框，在 1020 像素（距离上方参考线 840 像素）的位置新建一条水平参考线，设置如图 4-83 所示，单击"确定"按钮，完成参考线的创建，效果如图 4-84 所示。

| 图 4-83 | 图 4-84 |

（2）选择"矩形"工具 □，在属性栏的"选择工具模式"选项中选择"形状"，将"填充"颜色设为白色，"描边"颜色设为无。在图像窗口中绘制一个与页面大小相等的矩形，在"图层"控制面板中生成新的形状图层"矩形 2"。

（3）选择"文件"→"置入嵌入对象"命令，弹出"置入嵌入的对象"对话框，选择云盘中的"Ch04"→"制作东方木品家居电商网站"→"制作东方木品家居电商网站首页"→"素材"→"03"文件。单击"置入"按钮，将图片置入图像窗口中，在属性栏中设置其大小及位置，如图 4-85 所示。按 Enter 键确定操作，在"图层"控制面板中生成新的图层并将其命名为"山水画"。按 Ctrl+Alt+G 组合键，为图层创建剪贴蒙版，效果如图 4-86 所示。

| 图 4-85 | 图 4-86 |

（4）选择"文件"→"置入嵌入对象"命令，弹出"置入嵌入的对象"对话框，选择云盘中的"Ch04"→"制作东方木品家居电商网站"→"制作东方木品家居电商网站首页"→"素材"→"04"文件。单击"置入"按钮，将图片置入图像窗口中，在属性栏中设置其大小及位置，如图 4-87 所示。按 Enter 键确定操作，效果如图 4-88 所示，在"图层"控制面板中生成新的图层并将其命名为"实木床"。

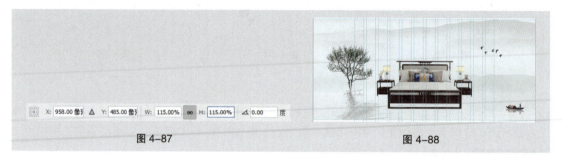

图 4-87　　　　　　　　　　　　　图 4-88

（5）按 Ctrl+J 组合键，复制图层并将其命名为"倒影 1"。按 Ctrl+T 组合键，在图像周围出现变换框，单击鼠标右键，在弹出的菜单中选择"垂直翻转"命令，垂直翻转图像，在属性栏中设置其位置，如图 4-89 所示。按 Enter 键确定操作，效果如图 4-90 所示。

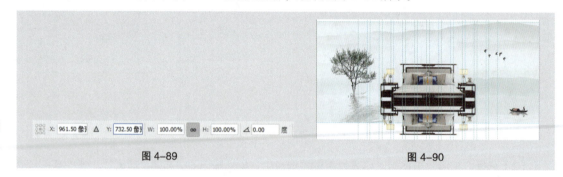

图 4-89　　　　　　　　　　　　　图 4-90

（6）在"图层"控制面板中将"倒影 1"图层拖曳到"实木床"图层的下方，将"不透明度"选项设置为 40%。单击"图层"控制面板下方的"添加图层蒙版"按钮，为"倒影 1"图层添加图层蒙版，如图 4-91 所示。选择"渐变"工具，单击属性栏中的"点按可编辑渐变"按钮，弹出"渐变编辑器"对话框，将渐变色设为从黑色到白色，单击"确定"按钮。在图像窗口中由下至上拖曳鼠标指针以绘制渐变色，松开鼠标，效果如图 4-92 所示。

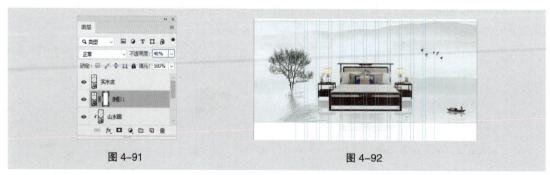

图 4-91　　　　　　　　　　　　　图 4-92

（7）选择"矩形选框"工具，在适当的位置绘制选区，将前景色设为黑色，按 Alt+Delete 组合键，填充前景色，效果如图 4-93 所示。按 Ctrl+D 组合键，取消选区。在"图层"控制面板中，将图层的混合模式设为"颜色加深",如图4-94所示。使用相同的方法制作床的倒影效果,如图4-95所示。

图4-93　　　　　　　　　图4-94　　　　　　　　　图4-95

（8）选中"实木床"图层,单击"图层"控制面板下方的"添加图层样式"按钮 *fx.*,在弹出的菜单中选择"投影"命令,在弹出的对话框中进行设置,如图4-96所示,单击"确定"按钮,效果如图4-97所示。

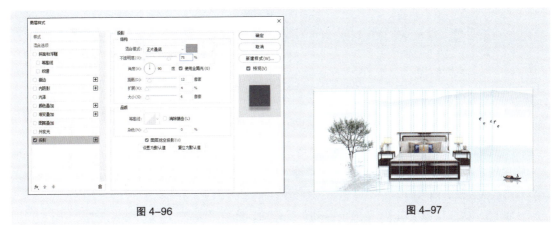

图4-96　　　　　　　　　　　　　　　　図4-97

（9）单击"图层"控制面板下方的"创建新的填充或调整图层"按钮 ●.,在弹出的菜单中选择"亮度/对比度"命令,在"图层"控制面板中生成"亮度/对比度1"图层,同时在弹出的面板中进行设置,如图4-98所示,按Enter键确定操作,效果如图4-99所示。

图4-98　　　　　　　　　　　　　　　　图4-99

（10）选择"横排文字"工具 **T.**,在适当的位置输入需要的文字并选取文字。选择"窗口"→"字符"命令,打开"字符"面板,在"字符"面板中,将"颜色"设为深灰色（53、51、57）,其他选项的设置如图4-100所示。按Enter键确定操作,效果如图4-101所示,在"图层"控制面板中生成新的文字图层。使用相同的方法,在适当的位置分别输入其他文字,效果如图4-102所示。

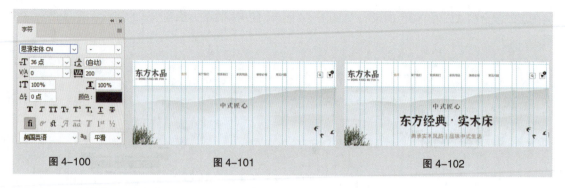

| 图 4-100 | 图 4-101 | 图 4-102 |

（11）在按住 Shift 键的同时，单击"矩形 2"图层，将需要的图层同时选取，按 Ctrl+G 组合键，编组图层并将其命名为"Banner"，如图 4-103 所示，效果如图 4-104 所示。

| 图 4-103 | 图 4-104 |

3. 制作内容区 1

（1）选择"视图"→"新建参考线"命令，弹出"新建参考线"对话框，在 4664 像素（距离上方参考线 3644 像素）的位置新建一条水平参考线，设置如图 4-105 所示，单击"确定"按钮，完成参考线的创建，效果如图 4-106 所示。

（2）在"02"图像窗口中，选择"移动"工具 ⊕，选中"送货"图层，将其拖曳到图像窗口中适当的位置并调整大小，效果如图 4-107 所示，在"图层"控制面板中生成新的形状图层"送货"。

| 图 4-105 | 图 4-106 | 图 4-107 |

（3）选择"横排文字"工具 T.，在适当的位置输入需要的文字并选取文字，在"字符"面板中，将"颜色"设为灰色（73、73、74），其他选项的设置如图 4-108 所示，按 Enter 键确定操作，在"图层"控制面板中生成新的文字图层。用相同的方法在适当的位置输入需要的浅灰色（169、171、177）文字，效果如图 4-109 所示，在"图层"面板中生成新的文字图层。

图 4-108   图 4-109

（4）在按住 Shift 键的同时，选择"送货"图层，将需要的图层同时选取，按 Ctrl+G 组合键，编组图层并将其命名为"免费送货"，如图 4-110 所示。用相同的方法制作"免费退货"和"全天服务"图层组，如图 4-111 所示，效果如图 4-112 所示。

图 4-110   图 4-111   图 4-112

（5）选择"直线"工具 ∕.，在属性栏的"选择工具模式"选项中选择"形状"，将"填充"颜色设为无，"描边"颜色设为灰色（160、160、160），"粗细"选项设为 1 像素。在按住 Shift 键的同时，在图像窗口中适当的位置绘制直线，如图 4-113 所示，在"图层"控制面板中生成新的形状图层"形状 2"。

图 4-113

（6）选择"横排文字"工具 T.，在适当的位置输入需要的文字并选取文字，在"字符"面板中，将"颜色"设为灰色（73、73、74），其他选项的设置如图 4-114 所示，按 Enter 键确定操作，效果如图 4-115 所示，在"图层"控制面板中生成新的文字图层。

（7）在"02"图像窗口中，选择"移动"工具 ⊕.，选中"间隔"图层，将其拖曳到图像窗口中适当的位置并调整大小，效果如图 4-116 所示，在"图层"控制面板中生成新的形状图层"间隔"。

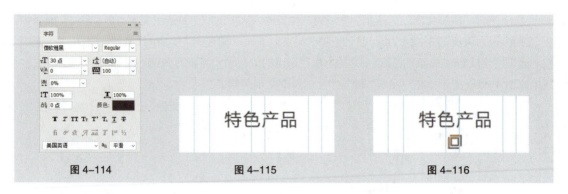

图 4-114   图 4-115   图 4-116

（8）选择"钢笔"工具，在属性栏中将"填充"颜色设为无，"描边"颜色设为灰色（160、160、160），"粗细"选项设为 1 像素。在按住 Shift 键的同时，在图像窗口中适当的位置绘制直线，如图 4-117 所示，在"图层"控制面板中生成新的形状图层"形状 3"。

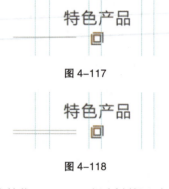

图 4-117

（9）选择"移动"工具，在按住 Alt+Shift 组合键的同时，将直线向下拖曳至适当的位置，复制直线，效果如图 4-118 所示，在"图层"控制面板中生成新的形状图层"形状 3 拷贝"。

图 4-118

（10）在按住 Shift 键的同时，单击"形状 3"图层，将需要的图层同时选取，按 Ctrl+G 组合键，编组图层并将其命名为"组 1"。在按住 Alt+Shift 组合键的同时，将直线向右拖曳至适当的位置，复制直线，效果如图 4-119 所示，在"图层"控制面板中生成新的图层组"组 1 拷贝"，如图 4-120 所示。

图 4-119   图 4-120

（11）选择"横排文字"工具，在适当的位置输入需要的文字并选取文字，在"字符"面板中，将"颜色"设为灰色（73、73、74），其他选项的设置如图 4-121 所示，按 Enter 键确定操作，效果如图 4-122 所示，在"图层"控制面板中生成新的文字图层。

（12）选择"矩形"工具，在属性栏中将"填充"颜色设为浅棕色（195、135、73），"描边"颜色设为无。在图像窗口中适当的位置绘制矩形，如图 4-123 所示，在"图层"控制面板中生成新的形状图层"矩形 3"。

图 4-121   图 4-122

（13）选择"文件"→"置入嵌入对象"命令，弹出"置入嵌入的对象"对话框，选择云盘中的"Ch04"→"制作东方木品家居电商网站"→"制作东方木品家居电商网站首页"→"素材"→"05"文件，单击"置入"按钮，将图片置入图像窗口中。将其拖曳到适当的位置并调整大小，按 Enter 键确定操作，在"图层"控制面板中生成新的图层并将其命名为"特色 1"。按 Alt+Ctrl+G 组合键，为"特色 1"图层创建剪贴蒙版，图像效果如图 4-124 所示。

（14）选择"矩形"工具 □.，在属性栏中将"填充"颜色设为浅棕色（195、135、73），"描边"颜色设为无。在图像窗口中适当的位置绘制矩形，如图 4-125 所示，在"图层"控制面板中生成新的形状图层"矩形 4"。

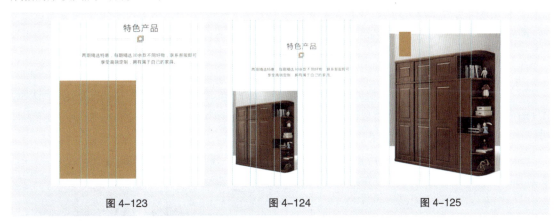

图 4-123   图 4-124   图 4-125

（15）选择"直排文字"工具 ⊥T.，在适当的位置输入需要的文字并选取文字，在"字符"面板中，将"颜色"设为白色，其他选项的设置如图 4-126 所示，按 Enter 键确定操作，效果如图 4-127 所示，在"图层"控制面板中生成新的文字图层。

（16）选择"横排文字"工具 T.，在适当的位置输入需要的文字并选取文字，在"字符"面板中，将"颜色"设为灰色（89、89、89），其他选项的设置如图 4-128 所示，按 Enter 键确定操作，效果如图 4-129 所示，在"图层"控制面板中生成新的文字图层。

（17）在"02"图像窗口中，选择"移动"工具 ↔.，选中"五颗星"图层，将其拖曳到图像窗口中适当的位置并调整大小，效果如图 4-130 所示，在"图层"控制面板中生成新的形状图层"五颗星"。

（18）选择"横排文字"工具 T.，在适当的位置输入需要的文字并选取文字，在"字符"面板中，将"颜色"设为浅棕色（194、133、72），其他选项的设置如图 4-131 所示，按 Enter 键确定操作。

用相同的方法在适当的位置输入需要的浅灰色（133、132、132）文字，效果如图 4-132 所示。在"图层"控制面板中分别生成新的文字图层。

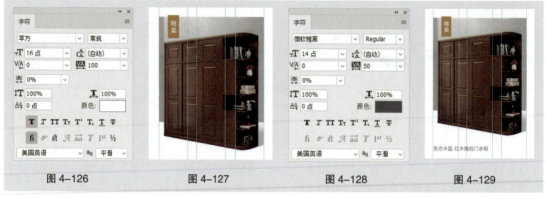

图 4-126　　　　　图 4-127　　　　　图 4-128　　　　　图 4-129

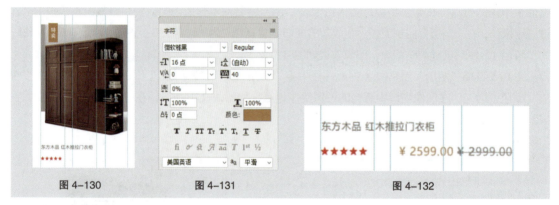

图 4-130　　　　　图 4-131　　　　　图 4-132

（19）在按住 Shift 键的同时，单击"东方木品 红木推拉门衣柜"图层，将需要的图层同时选取，按 Ctrl+G 组合键，编组图层并将其命名为"产品介绍"，如图 4-133 所示。在按住 Shift 键的同时，单击"矩形 3"图层，将需要的图层和图层组同时选取，按 Ctrl+G 组合键，编组图层并将其命名为"产品 1"，如图 4-134 所示。用相同的方法制作"产品 2"图层组，效果如图 4-135 所示。

图 4-133　　　　　图 4-134　　　　　图 4-135

（20）选择"矩形"工具，在图像窗口中适当的位置绘制矩形，如图 4-136 所示，在"图层"控制面板中生成新的形状图层"矩形 5"。

（21）选择"文件"→"置入嵌入对象"命令，弹出"置入嵌入的对象"对话框，选择云盘中的"Ch04"→"制作东方木品家居电商网站"→"制作东方木品家居电商网站首页"→"素材"→"07"文件，单击"置入"按钮，将图片置入图像窗口中。将其拖曳到适当的位置并调整大小，按 Enter 键确定操作，在"图层"控制面板中生成新的图层并将其命名为"特色3"。按 Alt+Ctrl+G 组合键，为"特色3"图层创建剪贴蒙版，图像效果如图 4-137 所示。

图 4-136   图 4-137

（22）在按住 Shift 键的同时，单击"特色产品"图层，将需要的图层和图层组同时选取，按 Ctrl+G 组合键，编组图层并将其命名为"产品特色"，如图 4-138 所示。

（23）用相同的方法制作"新品推荐"图层组，效果如图 4-139 所示。在按住 Shift 键的同时，单击"免费送货"图层组，将需要的图层和图层组同时选取，按 Ctrl+G 组合键，将图层编组并将其命名为"内容区1"，如图 4-140 所示。

图 4-138   图 4-139   图 4-140

4. 制作内容区 2

（1）选择"矩形"工具 ▢，在属性栏中将"填充"颜色设为灰色（133、132、132），"描边"颜色设为无。在距离上方图片 68 像素的位置绘制矩形，如图 4-141 所示，在"图层"控制面板中生成新的形状图层"矩形6"。

（2）选择"文件"→"置入嵌入对象"命令，弹出"置入嵌入的对象"对话框，选择云盘中的"Ch04"→"制作东方木品家居电商网站"→"制作东方木品家居电商网站首页"→"素材"→"11"文件，单击"置入"按钮，将图片置入图像窗口中。将其拖曳到适当的位置并调整大小，按 Enter 键确定操作，在"图层"控制面板中生成新的图层并将其命名为"配件"。按 Alt+Ctrl+G 组合键，为"配件"图层创建剪贴蒙版，图像效果如图 4-142 所示。

图 4-141　　　　　　　　　　　　　　　　　　　　图 4-142

（3）选择"矩形"工具 ▢，在属性栏中将"填充"颜色设为白色，"描边"颜色设为无。在图像窗口中适当的位置绘制矩形，如图 4-143 所示，在"图层"控制面板中生成新的形状图层"矩形 7"。

（4）在图像窗口中适当的位置再次绘制一个矩形，在属性栏中将"填充"颜色设为无，"描边"颜色设为白色，"粗细"选项设为 2 像素，如图 4-144 所示，在"图层"控制面板中生成新的形状图层"矩形 8"。

（5）选择"横排文字"工具 T.，在适当的位置输入需要的文字并选取文字，在"字符"面板中，将"颜色"设为灰色（73、73、74），如图 4-145 所示，按 Enter 键确定操作，效果如图 4-146 所示。

图 4-143　　　　　　图 4-144　　　　　　图 4-145　　　　　　图 4-146

（6）在按住 Shift 键的同时，单击"矩形 6"图层，将需要的图层同时选取，按 Ctrl+G 组合键，编组图层并将其命名为"配件"，如图 4-147 所示。用相同的方法制作"推荐"和"家具"图层组，效果如图 4-148 所示。

图 4-147　　　　　　　　　　　　　　图 4-148

（7）选择"矩形"工具 □，在属性栏的"选择工具模式"选项中选择"形状"，将"填充"颜色设为灰色（67、67、67），"描边"颜色设为无。在图像窗口中适当的位置绘制矩形，如图 4-149 所示，在"图层"控制面板中生成新的形状图层"矩形 12"。

（8）在"02"图像窗口中，选择"移动"工具 ⊕，选中"发送"图层，将其拖曳到图像窗口中适当的位置并调整大小，效果如图 4-150 所示，在"图层"控制面板中生成新的形状图层并将其命名为"飞机"。

图 4-149   图 4-150

（9）在"图层"控制面板中，将图层的"不透明度"选项设为 4%，按 Enter 键确定操作，效果如图 4-151 所示。按 Alt+Ctrl+G 组合键，为"飞机"图层创建剪贴蒙版。选择"矩形"工具 □，在图像窗口中适当的位置绘制矩形，在属性栏中将"填充"颜色设为无，"描边"颜色设为灰色（133、132、132），"粗细"选项设为 2 像素，如图 4-152 所示，在"图层"控制面板中生成新的形状图层"矩形 13"。

（10）在"02"图像窗口中，选择"移动"工具 ⊕，选中"发送"图层，将其拖曳到图像窗口中适当的位置并调整大小，如图 4-153 所示，在"图层"控制面板中生成新的形状图层并将其命名为"小飞机"。

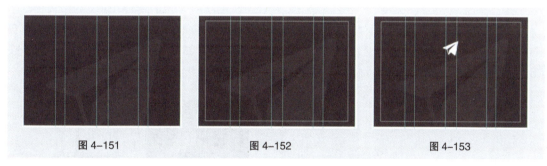

图 4-151   图 4-152   图 4-153

（11）选择"直线"工具 ╱，在按住 Shift 键的同时，在图像窗口中适当的位置绘制直线，在属性栏中将"填充"颜色设为无，"描边"颜色设为灰色（131、128、128），"粗细"选项设为 1 像素。选择"路径选择"工具 ▸，在按住 Alt+Shift 组合键的同时，将直线向右拖曳至适当的位置，复制图形，如图 4-154 所示，在"图层"控制面板中生成新的形状图层"形状 4"。

（12）选择"横排文字"工具 T，在适当的位置输入需要的文字并选取文字，在"字符"面板中，将"颜色"设为橙黄色（194、133、72），其他选项的设置如图 4-155 所示，按 Enter 键确定操作，用相同的方法在适当的位置输入需要的浅灰色（145、145、145）文字，效果如图 4-156 所示，在"图

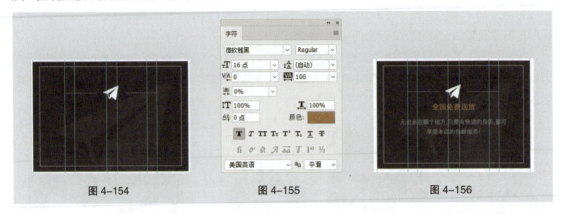

图 4-154   图 4-155   图 4-156

（13）在按住 Shift 键的同时，单击"矩形 12"图层，将需要的图层同时选取，按 Ctrl+G 组合键，编组图层并将其命名为"全国免费包邮"，如图 4-157 所示。在按住 Shift 键的同时，单击"配件"图层组，将需要的图层组同时选取，按 Ctrl+G 组合键，编组图层并将其命名为"推荐"，如图 4-158 所示。

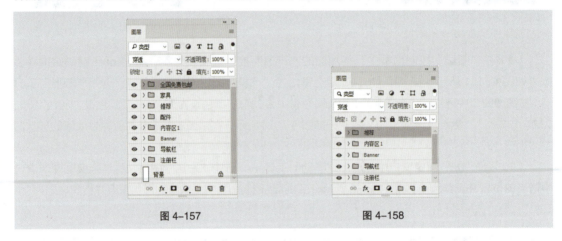

图 4-157   图 4-158

（14）选择"横排文字"工具 T.，在距离上方图形 64 像素的位置输入需要的文字并选取文字，在"字符"面板中，将"颜色"设为灰色（89、89、89），其他选项的设置如图 4-159 所示，按 Enter 键确定操作，效果如图 4-160 所示，在"图层"控制面板中生成新的文字图层。

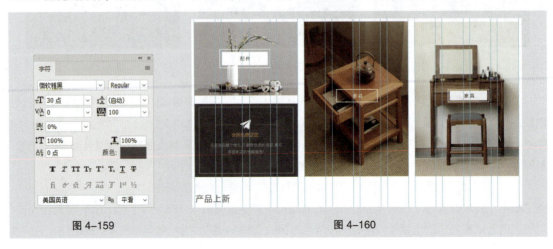

图 4-159   图 4-160

（15）选择"直线"工具 ∕.，在属性栏中将"填充"颜色设为无，"描边"颜色设为灰色（133、132、132），"粗细"选项设为1像素。在按住 Shift 键的同时，在图像窗口中适当的位置绘制直线，如图 4-161 所示，在"图层"控制面板中生成新的形状图层"形状 5"。

（16）选择"矩形"工具 □.，在图像窗口中适当的位置绘制矩形。在属性栏中将"填充"颜色设为灰色（133、132、132），"描边"颜色设为无，如图 4-162 所示，在"图层"控制面板中生成新的形状图层"矩形 14"。

（17）选择"文件"→"置入嵌入对象"命令，弹出"置入嵌入的对象"对话框，选择云盘中的"Ch04"→"制作东方木品家居电商网站"→"制作东方木品家居电商网站首页"→"素材"→"14"文件，单击"置入"按钮，将图片置入图像窗口中。将其拖曳到适当的位置并调整大小，按 Enter 键确定操作，在"图层"控制面板中生成新的图层并将其命名为"盆栽 1"。按 Alt+Ctrl+G 组合键，为"盆栽 1"图层创建剪贴蒙版，效果如图 4-163 所示。

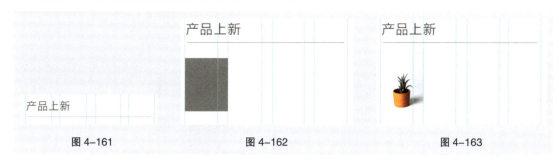

图 4-161   图 4-162   图 4-163

（18）选择"横排文字"工具 T.，在适当的位置输入需要的文字并选取文字，在"字符"面板中，将"颜色"设为灰色（89、89、89），其他选项的设置如图 4-164 所示，按 Enter 键确定操作，效果如图 4-165 所示，在"图层"面板中生成新的文字图层。

（19）在"02"图像窗口中，选择"移动"工具 ✦.，选中"五颗星"图层，将其拖曳到图像窗口中适当的位置并调整大小，效果如图 4-166 所示，在"图层"控制面板中生成新的形状图层"五颗星"。

图 4-164   图 4-165   图 4-166

（20）选择"横排文字"工具 T.，在适当的位置输入需要的文字并选取文字，在"字符"面板中，将"颜色"设为橙黄色（194、133、72），其他选项的设置如图 4-167 所示，按 Enter 键确定操作，效果如图 4-168 所示，在"图层"面板中生成新的文字图层。

（21）在按住 Shift 键的同时，单击"矩形 14"图层，将需要的图层同时选取，按 Ctrl+G 组合键，编组图层并将其命名为"植物盆栽 1"，如图 4-169 所示。用相同的方法制作"植物盆栽 2"、"植物盆栽 3"和"植物盆栽 4"图层组，如图 4-170 所示，效果如图 4-171 所示。

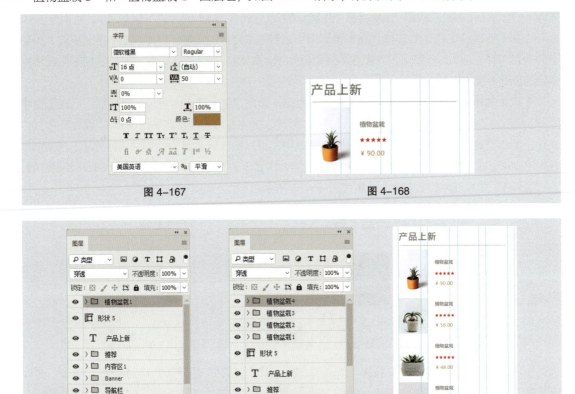

图 4-167

图 4-168

图 4-169

图 4-170

图 4-171

（22）在按住 Shift 键的同时，单击"产品上新"图层，将需要的图层和图层组同时选取，按 Ctrl+G 组合键，编组图层并将其命名为"产品上新"，如图 4-172 所示。用相同的方法制作"美观推荐"和"经典实用"图层组，如图 4-173 所示，效果如图 4-174 所示。

图 4-172

图 4-173

图 4-174

（23）在按住 Shift 键的同时，单击"产品上新"图层组，将需要的图层组同时选取，按

Ctrl+G 组合键，编组图层组并将其命名为"产品展示"，如图 4-175 所示。

（24）选择"矩形"工具 □，在属性栏中将"填充"颜色设为灰色（133、132、132），"描边"颜色设为无。在图像窗口中适当的位置绘制矩形，如图 4-176 所示，在"图层"控制面板中生成新的形状图层"矩形 15"。

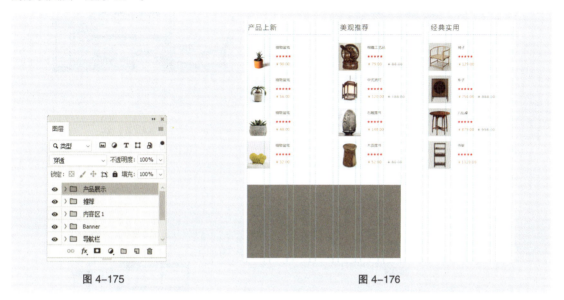

图 4-175　　　　　　　　　　　　　　　图 4-176

（25）选择"文件"→"置入嵌入对象"命令，弹出"置入嵌入的对象"对话框，选择云盘中的"Ch04"→"制作东方木品家居电商网站"→"制作东方木品家居电商网站首页"→"素材"→"26"文件，单击"置入"按钮，将图片置入图像窗口中，将其拖曳到适当的位置并调整大小，按 Enter键确定操作，在"图层"控制面板中生成新的图层并将其命名为"新款展示"。按 Alt+Ctrl+G 组合键，为"新款展示"图层创建剪贴蒙版，效果如图 4-177 所示。

（26）选择"横排文字"工具 T，在适当的位置输入需要的文字并选取文字，在"字符"面板中，将"颜色"设为深灰色（47、47、47），其他选项的设置如图 4-178 所示，按 Enter 键确定操作，在"图层"控制面板中生成新的文字图层。用相同的方法在适当的位置输入需要的橘红色（165、68、25）文字，效果如图 4-179 所示，在"图层"面板中生成新的文字图层。

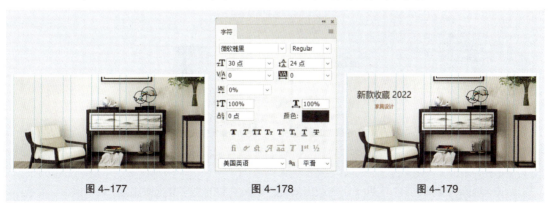

图 4-177　　　　　　　　　图 4-178　　　　　　　　　图 4-179

（27）选择"直线"工具 ∕，在属性栏中将"填充"颜色设为无，"描边"颜色设为灰色（145、145、145），"粗细"选项设为 1 像素。在按住 Shift 键的同时，在图像窗口中适当的位置绘制直线，如图 4-180 所示，在"图层"控制面板中生成新的形状图层"形状 6"。选择"移动"工具 ✛，在按住 Alt+Ctrl 组合键的同时，将直线向右拖曳至适当的位置，复制直线，效果如图 4-181 所示。

图 4-180   图 4-181

（28）选择"横排文字"工具 Ｔ，在适当的位置输入需要的文字并选取文字，在"字符"面板中，将"颜色"设为深灰色（47、47、47），其他选项的设置如图 4-182 所示，效果如图 4-183 所示。

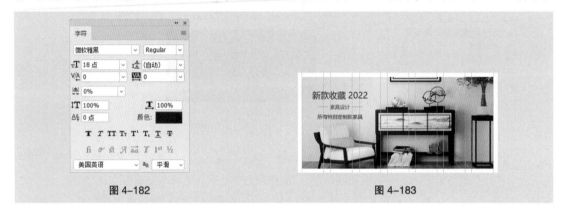

图 4-182   图 4-183

（29）在按住 Shift 键的同时，单击"矩形 15"图层，将需要的图层同时选取，按 Ctrl+G 组合键，编组图层并将其命名为"新款收藏"，如图 4-184 所示。选择"矩形"工具 ▢，在属性栏中将"填充"颜色设为无，"描边"颜色设为灰色（181、179、179），"粗细"选项设为 1 像素。在图像窗口中适当的位置绘制矩形，如图 4-185 所示，在"图层"控制面板中生成新的形状图层"矩形 16"。

图 4-184   图 4-185

（30）选择"横排文字"工具 Ｔ，在适当的位置输入需要的文字并选取文字，在"字符"面板中，将"颜色"设为深灰色（47、47、47），其他选项的设置如图 4-186 所示，按 Enter 键确定操作，效果如图 4-187 所示，在"图层"控制面板中生成新的文字图层。

（31）在"02"图像窗口中，选择"移动"工具 ✛，选中"邮箱"图层，将其拖曳到图像窗口中适当的位置并调整大小，效果如图4-188所示，在"图层"控制面板中生成新的形状图层"邮箱"。

图4-186 图4-187 图4-188

（32）选择"直线"工具 ╱，在属性栏中将"填充"颜色设为无，"描边"颜色设为灰色（145、145、145），"粗细"选项设为1像素。在按住Shift键的同时，在图像窗口中适当的位置绘制直线，如图4-189所示，在"图层"控制面板中生成新的形状图层"形状7"。选择"移动"工具 ✛，在按住Alt+Ctrl组合键的同时，将直线向右拖曳至适当的位置，复制直线，效果如图4-190所示。

图4-189 图4-190

（33）选择"横排文字"工具 T，在适当的位置输入需要的文字并选取文字，在"字符"面板中，将"颜色"设为灰色（145、145、145），其他选项的设置如图4-191所示，按Enter键确定操作，在"图层"控制面板中生成新的文字图层。选取文字，在属性栏中单击"居中对齐文本"按钮 ≡，对齐文本，效果如图4-192所示。

（34）选择"矩形"工具 ▢，在属性栏中将"填充"颜色设为无，"描边"颜色设为灰色（208、208、208），"粗细"选项设为1像素。在图像窗口中适当的位置绘制矩形，如图4-193所示，在"图层"控制面板中生成新的形状图层"矩形17"。

图4-191 图4-192 图4-193

（35）选择"横排文字"工具 $\boxed{T}$ ，在适当的位置输入需要的文字并选取文字，在"字符"面板中，将"颜色"设为灰色（172、170、170），其他选项的设置如图 4-194 所示，按 Enter 键确定操作，效果如图 4-195 所示，在"图层"控制面板中生成新的文字图层。

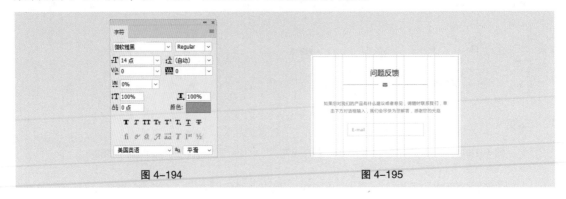

图 4-194　　　　　　　　　　　　　图 4-195

（36）在"02"图像窗口中，选择"移动"工具 $\boxed{+}$ ，选中"发送"图层，将其拖曳到图像窗口中适当的位置并调整大小，在"图层"控制面板中生成新的形状图层"发送"。单击"图层"控制面板下方的"添加图层样式"按钮 $\boxed{fx}$ ，在弹出的菜单中选择"颜色叠加"命令，弹出对话框，设置叠加颜色为灰色（145、145、145），其他选项的设置如图 4-196 所示，单击"确定"按钮，效果如图 4-197 所示。

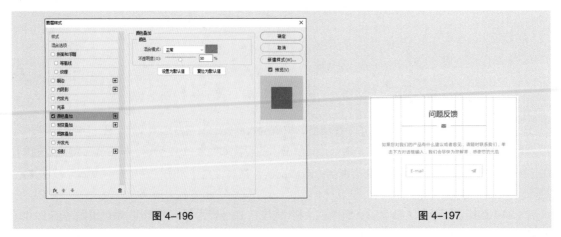

图 4-196　　　　　　　　　　　　　图 4-197

（37）在按住 Shift 键的同时，单击"矩形 16"图层，将需要的图层同时选取，按 Ctrl+G 组合键，编组图层并将其命名为"问题反馈"，如图 4-198 所示。

（38）在按住 Shift 键的同时，单击"推荐"图层组，将需要的图层组同时选取，按 Ctrl+G 组合键，编组图层并将其命名为"内容区 2"，如图 4-199 所示。

5.制作页脚区域

（1）选择"矩形"工具 $\boxed{\square}$ ，在属性栏中将"填充"颜色设为浅灰色（249、249、249），"描边"颜色设为无。在距离上方图形 80 像素的位置绘制矩形，如图 4-200 所示，在"图层"控制面板中生成新的形状图层"矩形 18"。

（2）在"02"图像窗口中，选择"移动"工具 $\boxed{+}$ ，选中"品牌"图层，将其拖曳到图像窗口中

图 4-198　　　　　　图 4-199

距离上方图形 120 像素的位置并调整大小，效果如图 4-201 所示，在"图层"控制面板中生成新的形状图层"品牌"。

图 4-200   图 4-201

（3）选择"矩形"工具 □，在适当的位置绘制矩形，在属性栏中将"填充"颜色设为深灰色（47、47、47），"描边"颜色设为无，如图 4-202 所示，在"图层"控制面板中生成新的形状图层"矩形 19"。

（4）选择"横排文字"工具 T，在适当的位置输入需要的文字并选取文字，在"字符"面板中，将"颜色"设为浅棕（195、135、73），其他选项的设置如图 4-203 所示，按 Enter 键确定操作，在"图层"控制面板中生成新的文字图层。用相同的方法在适当的位置拖曳文本框，输入需要的白色文字，效果如图 4-204 所示，在"图层"面板中生成新的文字图层。

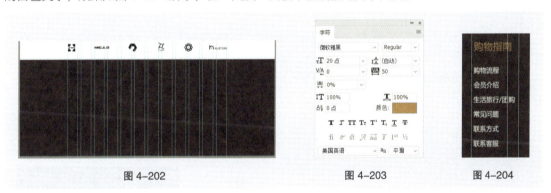

图 4-202   图 4-203   图 4-204

（5）用相同的方法在适当的位置分别输入需要的文字，效果如图 4-205 所示，在"图层"面板中分别生成新的文字图层。在"02"图像窗口中，选择"移动"工具 ✛，选中"电话"图层，将其拖曳到图像窗口中适当的位置并调整大小，效果如图 4-206 所示，在"图层"控制面板中生成新的形状图层"电话"。用相同的方法分别拖曳并调整"定位"和"邮件"图层，在"图层"控制面板中生成新的形状图层，效果如图 4-207 所示。

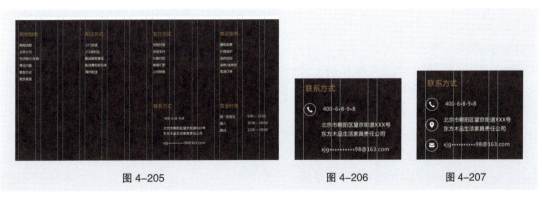

图 4-205   图 4-206   图 4-207

（6）选择"直线"工具 ☑，在按住 Shift 键的同时，在图像窗口中适当的位置绘制直线，在属性栏中将"填充"颜色设为无，"描边"颜色设为灰色（145、145、145），"粗细"选项设为 1 像素，如图 4-208 所示，在"图层"控制面板中生成新的形状图层"形状 8"。

（7）选择"移动"工具 ⊹，在按住 Alt+Shift 组合键的同时，将直线向下拖曳至适当的位置，复制图形，效果如图 4-209 所示，在"图层"控制面板中生成新的形状图层"形状 8 拷贝"。

（8）选择"文件"→"置入嵌入对象"命令，弹出"置入嵌入的对象"对话框，选择云盘中的"Ch04"→"制作东方木品家居电商网站"→"制作东方木品家居电商网站首页"→"素材"→"01"文件，单击"置入"按钮，将图片置入图像窗口中，将其拖曳到适当的位置并调整大小，按 Enter 键确定操作，效果如图 4-210 所示，在"图层"控制面板中生成新的图层并将其命名为"logo 2"。

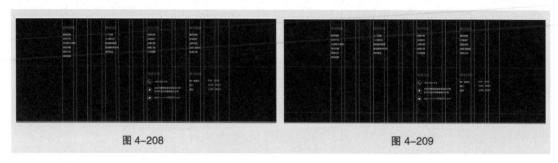

图 4-208   图 4-209

（9）选择"横排文字"工具 T，在图像窗口中适当的位置拖曳文本框，输入需要的文字并选取文字，在"字符"面板中，将"颜色"设为白色，其他选项的设置如图 4-211 所示，按 Enter 键确定操作，在"图层"控制面板中生成新的文字图层。用相同的方法输入其他文字，效果如图 4-212 所示，在"图层"面板中生成新的文字图层。

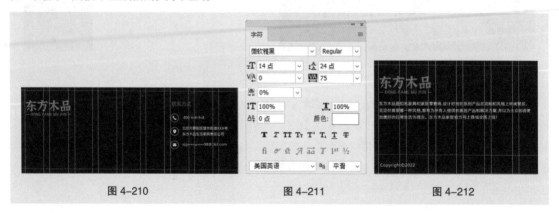

图 4-210   图 4-211   图 4-212

（10）在"02"图像窗口中，选择"移动"工具 ⊹，选中"微信"图层，将其拖曳到图像窗口中适当的位置并调整人小，效果如图 4-213 所示，在"图层"控制面板中生成新的形状图层"微信"。用相同的方法分别拖曳并调整"微博"和"QQ"图层，在"图层"控制面板中生成新的形状图层，效果如图 4-214 所示。

（11）在按住 Shift 键的同时，单击"矩形 18"图层，将需要的图层同时选取，按 Ctrl+G 组合键，编组图层并将其命名为"页脚"，如图 4-215 所示。

（12）按 Ctrl+S 组合键，弹出"存储为"对话框，将其命名为"制作东方木品家居电商网站首页"，保存为 .psd 格式，单击"保存"按钮，单击"确定"按钮，将文件保存。东方木品家居电商网站首页制作完成。

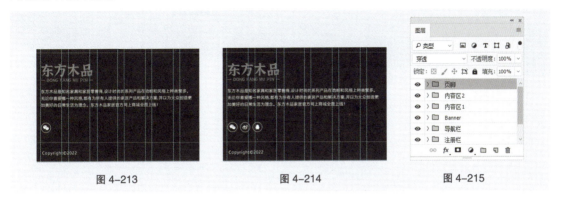

图 4-213   图 4-214   图 4-215

4.4.2　课堂案例——制作东方木品家居电商网站产品列表页

【案例学习目标】学习使用形状工具、文字工具和创建剪贴蒙版命令制作东方木品家居电商网站产品列表页。

【案例知识要点】使用置入嵌入对象命令置入图片和图标，使用创建剪贴蒙版命令调整图片显示区域，使用横排文字工具添加文字，使用矩形工具和直线工具绘制基本形状，最终效果如图 4-216 所示。

【效果所在位置】云盘 /Ch04/ 制作东方木品家居电商网站 / 制作东方木品家居电商网站产品列表页 / 工程文件 .psd。

慕课视频
制作东方木品家居电商网站产品列表页 1

慕课视频
制作东方木品家居电商网站产品列表页 2

慕课视频
制作东方木品家居电商网站产品列表页 3

图 4-216

具体步骤如下。

1. 制作注册栏及导航栏

（1）按 Ctrl+N 组合键，弹出"新建文档"对话框，设置"宽度"为 1920 像素，"高度"为 3620 像素，"分辨率"为 72 像素 / 英寸，"背景内容"为白色，如图 4-217 所示，单击"创建"按钮，完成文档新建。

（2）选择"视图"→"新建参考线版面"命令，弹出"新建参考线版面"对话框，设置如图 4-218 所示。单击"确定"按钮，完成参考线的创建。

（3）选择"视图"→"新建参考线"命令，弹出"新建参考线"对话框，在 40 像素的位置新建一条水平参考线，设置如图 4-219 所示，单击"确定"按钮，完成参考线的创建。用相同的方法在 180 像素（距离上方参考线 140 像素）的位置再次创建一条参考线，效果如图 4-220 所示。

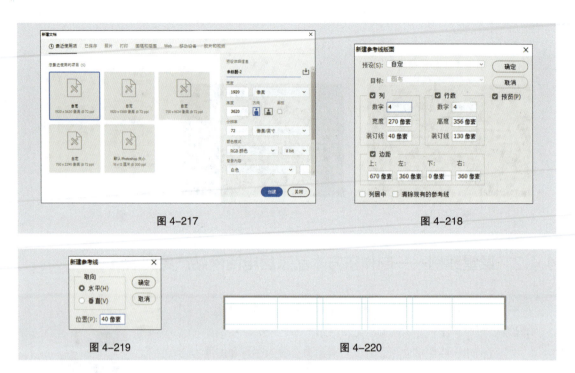

图 4-217　　　　　　　　　　　　　　　图 4-218

图 4-219　　　　　　　　　　　　　　　图 4-220

（4）在"制作东方木品家居电商网站首页"图像窗口中，选择"注册栏"图层组，在按住 Shift 键的同时，单击"导航栏"图层组，将需要的图层组同时选取。单击鼠标右键，在弹出的菜单中选择"复制图层"命令，在弹出的对话框中进行设置，如图 4-221 所示，单击"确定"按钮，效果如图 4-222 所示。

图 4-221　　　　　　　　　　　　　　　图 4-222

2. 制作内容区

（1）按 Ctrl + O 组合键，打开云盘中的"Ch04"→"制作东方木品家居电商网站"→"制作东方木品家居电商网站产品列表页"→"素材"→"02"文件，选择"移动"工具 ，将"首页"图形拖曳到图像窗口中距离上方图片 66 像素的位置并调整大小，效果如图 4-223 所示，在"图层"控制面板中生成新的形状图层"首页"。

（2）选择"横排文字"工具 ，在适当的位置输入需要的文字，在"字符"面板中，将"颜色"设为灰色（89、89、89），其他选项的设置如图 4-224 所示，按 Enter 键确定操作，在"图层"控制面板中生成新的文字图层。选取需要的文字，填充文字为浅棕色（195、135、73），效果如图 4-225 所示。

（3）选择"直线"工具 ，在属性栏中的"选择工具模式"选项中选择"形状"，将"填充"颜色设为无，"描边"颜色设为灰色（181、179、179），"粗细"选项设为 1 像素。在按住 Shift 键的同时，在图像窗口中适当的位置绘制直线，如图 4-226 所示，在"图层"控制面板中生成新的形状图层"形状2"。

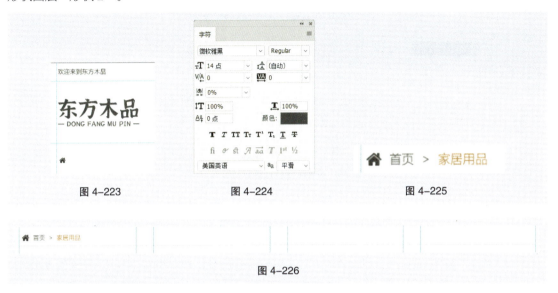

图 4-223   图 4-224   图 4-225

图 4-226

（4）选择"矩形"工具 □.，在图像窗口中适当的位置绘制矩形。在属性栏中将"填充"颜色设为灰色（89、89、89），"描边"颜色设为无，如图 4-227 所示，在"图层"控制面板中生成新的形状图层"矩形2"。

（5）选择"横排文字"工具 T.，在适当的位置输入需要的文字并选取文字，在"字符"面板中，将"颜色"设为白色，其他选项的设置如图 4-228 所示，按 Enter 键确定操作，效果如图 4-229 所示，在"图层"控制面板中生成新的文字图层。

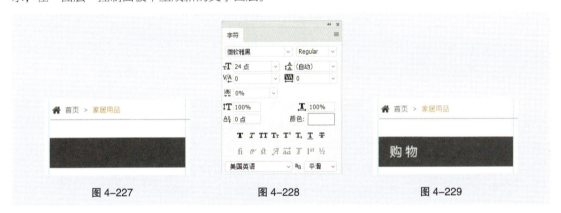

图 4-227   图 4-228   图 4-229

（6）选择"矩形"工具 □.，在属性栏中将"填充"颜色设为无，"描边"颜色设为灰色（181、179、179），"粗细"选项设为 1 像素。在图像窗口中适当的位置绘制矩形，如图 4-230 所示，在"图层"控制面板中生成新的形状图层"矩形3"。

（7）选择"横排文字"工具 T.，在适当的位置输入需要的文字并选取文字，在"字符"面板中，将"颜色"设为灰色（89、89、89），其他选项的设置如图 4-231 所示，按 Enter 键确定操作，在"图层"控制面板中生成新的文字图层。再次分别在适当的位置输入需要的黑色文字，效果如图 4-232 所示，在"图层"面板中分别生成新的文字图层。

（8）选择"直线"工具 ∕.，在属性栏中将"填充"颜色设为无，"描边"颜色设为灰色（181、

179、179），"粗细"选项设为1像素。在按住Shift键的同时，在图像窗口中适当的位置绘制直线，如图4-233所示，在"图层"控制面板中生成新的形状图层"形状3"。

图 4-230   图 4-231   图 4-232

（9）选择"横排文字"工具 T.，在适当的位置输入需要的文字并选取文字，在"字符"面板中，将"颜色"设为灰色（89、89、89），其他选项的设置如图4-234所示，按Enter键确定操作，效果如图4-235所示，在"图层"控制面板中生成新的文字图层。

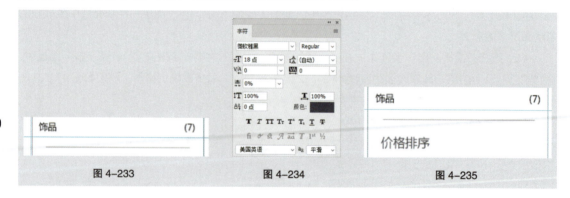

图 4-233   图 4-234   图 4-235

（10）选择"矩形"工具 □，在属性栏中将"填充"颜色设为浅棕色（195、135、73），"描边"颜色设为无。在图像窗口中适当的位置绘制矩形，如图4-236所示，在"图层"控制面板中生成新的形状图层"矩形4"。

（11）在按住Shift键的同时，再次绘制矩形，如图4-237所示。选择"直接选择"工具 ▷.，在按住Alt+Shift组合键的同时，将矩形向右拖曳到适当的位置，复制矩形，如图4-238所示。

（12）选择"横排文字"工具 T.，在适当的位置分别输入需要的义字并选取文字，在"字符"面板中，将"颜色"设为黑色，其他选项的设置如图4-239所示，按Enter键确定操作，效果如图4-240所示，在"图层"控制面板中分别生成新的文字图层。

（13）选择"矩形"工具 □，在属性栏中将"填充"颜色设为无，"描边"颜色设为灰色（181、179、179），"粗细"选项设为1像素。在图像窗口中适当的位置绘制矩形，如图4-241所示，在"图层"控制面板中生成新的形状图层"矩形5"。

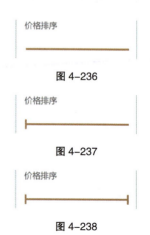

图 4-236

图 4-237

图 4-238

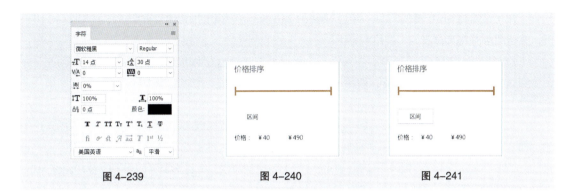

图 4-239   图 4-240   图 4-241

（14）用相同的方法分别在适当的位置绘制"矩形 6"和"矩形 7"，如图 4-242 所示。在按住 Shift 键的同时，单击"矩形 2"图层，将需要的图层同时选取，按 Ctrl+G 组合键，编组图层并将其命名为"购物"，如图 4-243 所示。

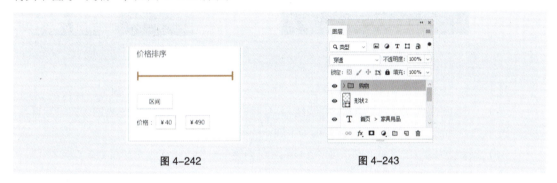

图 4-242   图 4-243

（15）用相同的方法分别制作"对比"和"产品标签"图层组，如图 4-244 所示，效果如图 4-245 所示。用上述方法制作"最受好评的产品"图层组，如图 4-246 所示，效果如图 4-247 所示。

图 4-244   图 4-245   图 4-246   图 4-247

（16）在按住 Shift 键的同时，单击"购物"图层组，将需要的图层组同时选取，按 Ctrl+G 组合键，编组图层并将其命名为"左侧内容区"。

（17）选择"矩形"工具 ▢，在属性栏中将"填充"颜色设为黑色，"描边"颜色设为无。在图像窗口中适当的位置绘制矩形，如图 4-248 所示，在"图层"控制面板中生成新的形状图层"矩形 16"。

（18）选择"文件"→"置入嵌入对象"命令，弹出"置入嵌入的对象"对话框，选择云盘中的"Ch04"→"制作东方木品家居电商网站"→"制作东方木品家居电商网站产品列表页"→"素材"→"08"文件，单击"置入"按钮，将图片置入图像窗口中，将其拖曳到适当的位置并调整大小，按 Enter 键确定操作，在"图层"控制面板中生成新的图层"08"。按 Alt+Ctrl+G 组合键，为"08"图层创建剪贴蒙版，图像效果如图 4-249 所示。

图 4-248　　　　　　　　　　　　　图 4-249

（19）选择"直线"工具 ╱，在属性栏中将"填充"颜色设为无，"描边"颜色设为灰色（181、179、179），"粗细"选项设为 1 像素。在按住 Shift 键的同时，在图像窗口中适当的位置绘制直线，效果如图 4-250 所示，在"图层"控制面板中生成新的形状图层"形状 4"。

（20）选择"移动"工具 ✛，在按住 Alt+Shift 组合键的同时，将直线向下拖曳至适当的位置，复制直线，效果如图 4-251 所示，在"图层"控制面板中生成新的形状图层"形状 4 拷贝"。

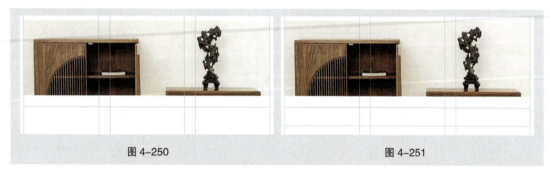

图 4-250　　　　　　　　　　　　　图 4-251

（21）选择"矩形"工具 ▢，在图像窗口中适当的位置绘制矩形，在属性栏中将"填充"颜色设为无，"描边"颜色设为浅棕色（195、135、73），"粗细"选项设为 1 像素，在"图层"控制面板中生成新的形状图层"矩形 17"，效果如图 4-252 所示。选择"移动"工具 ✛，在按住 Alt+Shift 组合键的同时，将矩形向右拖曳至适当的位置，复制图形，效果如图 4-253 所示，在"图层"控制面板中生成新的形状图层"矩形 17 拷贝"。

（22）选择"矩形"工具 ▢，在图像窗口中适当的位置绘制矩形，在属性栏中将"填充"颜色设为浅棕色（195、135、73），"描边"颜色设为无，如图 4-254 所示，在"图层"控制面板中生成新的形状图层"矩形 18"。选择"直接选择"工具 ▸，在按住 Alt+Shift 组合键的同时，将矩形向右拖曳至适当的位置，复制图形。用相同的方法复制多个图形，效果如图 4-255 所示。

（23）选择"移动"工具 ✛，在按住 Alt+Shift 组合键的同时，将"矩形 18"图层向右拖曳至适当的位置，复制图形，在"图层"控制面板中生成新的形状图层"矩形18拷贝"。选择"直接选择"工具 ▷，调整图形大小，效果如图4-256所示。

图 4-252　　　　图 4-253　　　　图 4-254　　　　图 4-255　　　　图 4-256

（24）选择"横排文字"工具 T，在适当的位置分别输入需要的文字并选取文字，在"字符"面板中，将"颜色"设为黑色，其他选项的设置如图4-257所示，按Enter键确定操作，效果如图4-258所示，在"图层"控制面板中分别生成新的文字图层。

图 4-257　　　　　　　　　　　　　图 4-258

（25）选择"矩形"工具 □，在属性栏中将"填充"颜色设为无，"描边"颜色设为灰色（181、179、179），"粗细"选项设为1像素。在图像窗口中适当的位置绘制矩形，在"图层"控制面板中生成新的形状图层"矩形19"，如图4-259所示。

（26）选择"钢笔"工具 ∅，在图像窗口中适当的位置绘制形状。在属性栏中将"填充"颜色设为无，"描边"颜色设为深灰色（89、89、89），"粗细"选项设为2像素，效果如图4-260所示，"图层"控制面板中生成新的形状图层"形状5"。在按住Shift键的同时，单击"矩形16"图层，将需要的图层同时选取，按Ctrl+G组合键，编组图层并将其命名为"排序方式"，如图4-261所示。

图 4-259　　　　　　图 4-260　　　　　　图 4-261

（27）用上述的方法制作"第一排"图层组，效果如图4-262所示。用相同的方法制作"第二排""第三排"和"第四排"图层组，效果如图4-263所示。

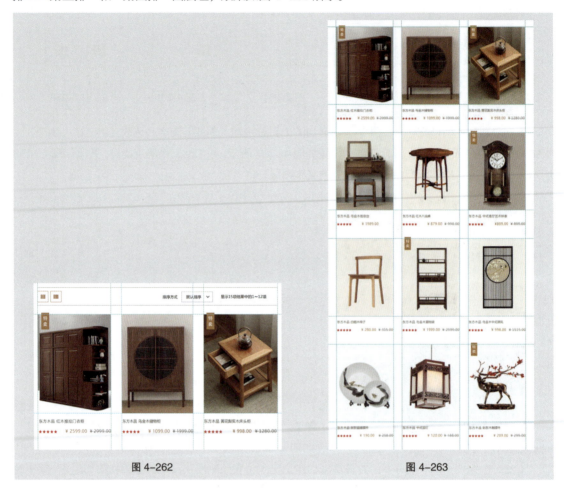

图 4-262   图 4-263

（28）选择"直线"工具，在属性栏中将"填充"颜色设为无，"描边"颜色设为灰色（179、179、179），"粗细"选项设为1像素。在按住Shift键的同时，在图像窗口中适当的位置绘制直线，效果如图4-264所示，在"图层"控制面板中生成新的形状图层"形状6"。选择"移动"工具，在按住Alt+Shift组合键的同时，将直线向下拖曳至适当的位置，复制直线，效果如图4-265所示，"图层"控制面板中生成新的形状图层"形状6拷贝"。

图 4-264   图 4-265

（29）选择"矩形"工具 □., 在属性栏中将"粗细"选项设为 1 像素, 在图像窗口中适当的位置绘制矩形。在属性栏中将"填充"颜色设为无, "描边"颜色设为浅棕色（195、135、73）, 如图 4-266 所示, 在"图层"控制面板中生成新的形状图层"矩形 18"。选择"移动"工具 ⊕., 在按住 Alt+Shift 组合键的同时, 将"矩形 18"图层向右拖曳至适当的位置, 复制图形, 在"图层"控制面板中生成新的形状图层"矩形 18 拷贝"。在属性栏中将其"描边"颜色设为灰色（181、179、179）。用相同的方法再次复制一个矩形, 效果如图 4-267 所示。

图 4-266   图 4-267

（30）选择"横排文字"工具 T., 在适当的位置输入需要的文字并选取文字, 在"字符"面板中, 将"颜色"设为浅棕色（195、135、73）, 其他选项的设置如图 4-268 所示, 按 Enter 键确定操作, 在"图层"控制面板中生成新的文字图层。用相同的方法再次在适当的位置输入需要的灰色（181、179、179）文字, 效果如图 4-269 所示。

（31）在"02"图像窗口中, 选择"移动"工具 ⊕., 选中"下一页"图层, 将其拖曳到图像窗口中适当的位置并调整大小, 效果如图 4-270 所示。在"图层"控制面板中生成新的形状图层"下一页"。在按住 Shift 键的同时, 单击"形状 6"图层, 将需要的图层同时选取, 按 Ctrl+G 组合键, 编组图层并将其命名为"页码"。在按住 Shift 键的同时, 单击"排序方式"图层组, 将需要的图层组同时选取, 按 Ctrl+G 组合键, 编组图层并将其命名为"右侧内容区"。

图 4-268   图 4-269   图 4-270

3. 制作页脚区域

（1）在"制作东方木品家居电商网站首页"图像窗口中, 选择"页脚"图层组。

（2）选择"移动"工具 ⊕., 将选取的图层组拖曳到图像窗口中适当的位置, 如图 4-271 所示, 效果如图 4-272 所示。

（3）按 Ctrl+S 组合键, 弹出"存储为"对话框, 将其命名为"制作东方木品家居电商网站产品列表页", 保存为 .psd 格式, 单击"保存"按钮, 单击"确定"按钮, 将文件保存。东方木品家居电商网站产品列表页制作完成。

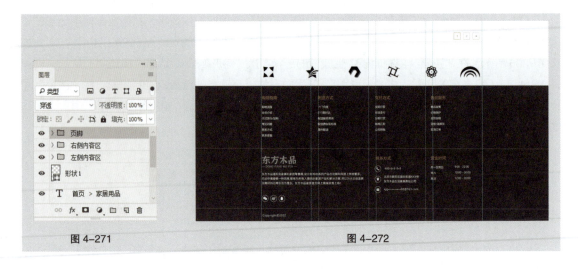

图 4-271 　　　　　　　　　　　　　　　　　　　　　图 4-272

4.4.3　课堂案例——制作东方木品家居电商网站产品详情页

【案例学习目标】学习使用形状工具、文字工具和创建剪贴蒙版命令制作东方木品家居电商网站产品详情页。

【案例知识要点】使用置入嵌入对象命令置入图片和图标，使用创建剪贴蒙版调整图片显示区域，使用横排文字工具添加文字，使用矩形工具和直线工具绘制基本形状，最终效果如图 4-273 所示。

【效果所在位置】云盘 /Ch04/ 制作东方木品家居电商网站 / 制作东方木品家居电商网站产品详情页 / 工程文件 .psd。

慕课视频　　慕课视频　　慕课视频

东方木品家居电商网站产品详情页 1　东方木品家居电商网站产品详情页 2　东方木品家居电商网站产品详情页 3

图 4-273

具体步骤如下。

1. 制作注册栏及导航栏

（1）按 Ctrl+N 组合键，弹出"新建文档"对话框，设置"宽度"为 1920 像素，"高度"为 2990 像素，"分辨率"为 72 像素 / 英寸，"背景内容"为白色，如图 4-274 所示，单击"创建"按钮，完成文档新建。

（2）选择"视图"→"新建参考线版面"命令，弹出"新建参考线版面"对话框，设置如图 4-275 所示。单击"确定"按钮，完成参考线的创建。

图 4-274 图 4-275

（3）选择"视图"→"新建参考线"命令，弹出"新建参考线"对话框，在 40 像素的位置新建一条水平参考线，设置如图 4-276 所示，单击"确定"按钮，完成参考线的创建。用相同的方法在 180 像素（距离上方参考线 140 像素）的位置再次创建一条参考线，效果如图 4-277 所示。

图 4-276 图 4-277

（4）在"制作东方木品家居电商网站产品列表页"图像窗口中，选择"注册栏"图层组，在按住 Shift 键的同时，单击"形状 2"图层，将需要的图层同时选取。单击鼠标右键，在弹出的菜单中选择"复制图层"命令，在弹出的对话框中进行设置，如图 4-278 所示。

（5）选中"首页"→"家具用品"图层，选择"横排文字"工具 T.，选取文字并修改为适当的内容，效果如图 4-279 所示。

图 4-278 图 4-279

2. 制作内容区

（1）选择"矩形"工具 □，在图像窗口中距离上方形状 36 像素的位置绘制矩形，在属性栏中将"填充"颜色设为浅棕色（195、135、73），"描边"颜色设为无。在"图层"控制面板中生成新的形状图层"矩形 2"，如图 4-280 所示。

（2）选择"文件"→"置入嵌入对象"命令，弹出"置入嵌入的对象"对话框，选择云盘中的"Ch04"→"制作东方木品家居电商网站"→"制作东方木品家居电商网站产品详情页"→"素材"→"03"

文件，单击"置入"按钮，将图片置入图像窗口中，将其拖曳到适当的位置并调整大小，按 Enter 键确定操作，在"图层"控制面板中生成新的图层并将其命名为"产品 1"。按 Alt+Ctrl+G 组合键，为"产品 1"图层创建剪贴蒙版，图像效果如图 4-281 所示。

（3）用相同的方法再次绘制一个矩形，在"图层"控制面板中生成新的形状图层"矩形 3"。连续按 Ctrl+J 组合键，复制多个矩形，并拖曳到适当的位置，如图 4-282 所示，分别置入"04""05""06""07"图片，将图片分别拖曳到适当的位置并调整大小，分别创建剪贴蒙版，图像效果如图 4-283 所示。

图 4-280　　　　　图 4-281　　　　　图 4-282　　　　　图 4-283

（4）选择"矩形"工具 ▢，在属性栏中将"填充"颜色设为深灰色（47、47、47），"描边"颜色设为无。在图像窗口中适当的位置绘制矩形，如图 4-284 所示，在"图层"控制面板中生成新的形状图层"矩形 4"。

（5）按 Ctrl + O 组合键，打开云盘中的"Ch04"→"制作东方木品家居电商网站"→"制作东方木品家居电商网站产品详情页"→"素材"→"02"文件，选择"移动"工具 ✛，将"上一个"图形拖曳到图像窗口中适当的位置并调整大小，效果如图 4-285 所示，在"图层"控制面板中生成新的形状图层"上一个"。

图 4-284　　　　　　　　　　　　图 4-285

（6）在按住 Shift 键的同时，单击"矩形 4"图层，将需要的图层同时选取。按 Ctrl+J 组合键，复制图层，并拖曳到适当的位置。选中"上一个 拷贝"图层，按 Ctrl+T 组合键，在图形周围出现变换框，单击鼠标右键，在弹出的菜单中选择"水平翻转"命令，水平翻转图像，按 Enter 键确定操作，效果如图 4-286 所示。在按住 Shift 键的同时，单击"矩形 2"图层，将需要的图层同时选取，按 Ctrl+G 组合键，编组图层并将其命名为"产品展示图"。

（7）选择"横排文字"工具 T，在适当的位置输入需要的文字并选取文字，在"字符"面板中，将"颜色"设为深灰色（89、89、89），其他选项的设置如图 4-287 所示，按 Enter 键确定操作，效果如图 4-288 所示，在"图层"控制面板中生成新的文字图层。

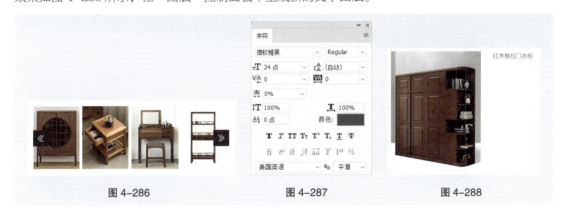

图 4-286   图 4-287   图 4-288

（8）用相同的方法在适当的位置分别输入需要的浅棕色（194、133、72）和灰色（133、132、132）文字，效果如图 4-289 所示。

（9）在"02"图像窗口中，选择"移动"工具 ，选中"五颗星"图层，将其拖曳到图像窗口中适当的位置并调整大小，在"图层"控制面板中生成新的形状图层"五颗星"，效果如图 4-290 所示。

图 4-289   图 4-290

（10）选择"直线"工具 ，在按住 Shift 键的同时，在图像窗口中距离上方文字 34 像素的位置绘制直线，在属性栏中将"填充"颜色设为无，"描边"颜色设为灰色（210、210、210），"粗细"选项设为 1 像素，如图 4-291 所示，在"图层"控制面板中生成新的形状图层"形状 3"。选择"移动"工具 ，在按住 Alt+Shift 组合键的同时，将直线向下拖曳至适当的位置，复制图形，效果如图 4-292 所示，在"图层"控制面板中生成新的形状图层"形状 3 拷贝"。

图 4-291

图 4-292

（11）选择"横排文字"工具 ，在图像窗口中适当的位置拖曳文本框，输入需要的文字并选取文字，在"字符"面板中，将"颜色"设为深灰色（89、89、89），其他选项的设置如图 4-293 所示，按 Enter 键确定操作，效果如图 4-294 所示，在"图层"控制面板中生成新的文字图层。

（12）选择"圆角矩形"工具 ，在属性栏中将"填充"颜色设为浅灰色（238、238、238），"描边"颜色设为灰色（181、179、179），"粗细"选项设为 1 像素，"半径"选项设为 4 像素。在图像窗口中适当的位置绘制圆角矩形，在"图层"控制面板中生成新的形状图层"圆角矩形 1"，如图 4-295 所示。

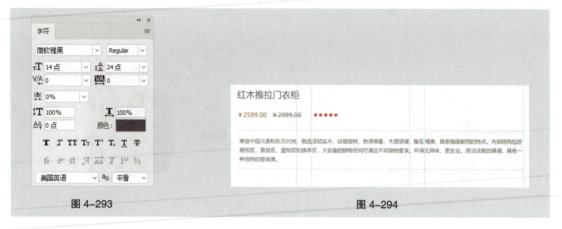

图 4-293　　　　　　　　　　　　　　　　　图 4-294

（13）选择"横排文字"工具 T.，在适当的位置分别输入需要的文字并选取文字，在"字符"面板中，将"颜色"设为黑色，其他选项的设置如图 4-296 所示，按 Enter 键确定操作，效果如图 4-297 所示，在"图层"控制面板中分别生成新的文字图层。

图 4-295　　　　　　　　图 4-296　　　　　　　　图 4-297

（14）选择"矩形"工具 □.，在属性栏中将"填充"颜色设为灰色（210、210、210），"描边"颜色设为深灰色（181、179、179），"粗细"选项设为 1 像素。在图像窗口中适当的位置绘制矩形，如图 4-298 所示，在"图层"控制面板中生成新的形状图层"矩形 5"。

（15）在"02"图像窗口中，选择"移动"工具 ✛.，选中"下拉箭头"图层，将其拖曳到图像窗口中适当的位置并调整大小，在"图层"控制面板中生成新的形状图层"下拉箭头"，效果如图 4-299 所示。

图 4-298　　　　　　　　　　　　　　　　　图 4-299

（16）选择"横排文字"工具 T.，在适当的位置输入需要的文字并选取文字，在"字符"面板中，将"颜色"设为灰色（139、139、139），其他选项的设置如图 4-300 所示，按 Enter 键确定操作，在"图层"控制面板中生成新的文字图层。用相同的方法再次输入黑色文字，效果如图 4-301 所示，在"图层"面板中生成新的文字图层。

图 4-300   图 4-301

（17）在"02"图像窗口中，选择"移动"工具 ⊕，选中"现货"图层，将其拖曳到图像窗口中适当的位置并调整大小，在"图层"控制面板中生成新的形状图层"现货"，效果如图 4-302 所示。

（18）选择"矩形"工具 □，在属性栏中将"粗细"选项设为 1 像素。在图像窗口中适当的位置绘制矩形，在属性栏中将"填充"颜色设为无，"描边"颜色设为灰色（210、210、210），在"图层"控制面板中生成新的形状图层"矩形 6"。用相同的方法再次绘制其他矩形，如图 4-303 所示。

（19）选择"横排文字"工具 T，在适当的位置输入需要的文字并选取文字，在"字符"面板中，将"颜色"设为黑色，其他选项的设置如图 4-304 所示，按 Enter 键确定操作，效果如图 4-305 所示，在"图层"控制面板中生成新的文字图层。

（20）在"02"图像窗口中，选择"移动"工具 ⊕，选中"上下三角形"图层，将其拖曳到图像窗口中适当的位置并调整大小，在"图层"控制面板中生成新的形状图层"上下三角形"，效果如图 4-306 所示。

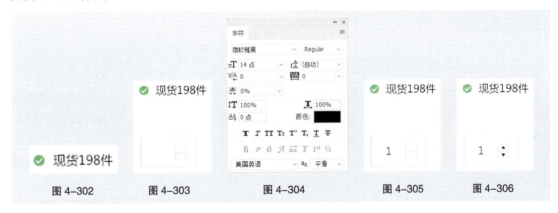

图 4-302　　　图 4-303　　　　　图 4-304　　　　　图 4-305　　　　图 4-306

（21）选择"矩形"工具 □，在属性栏中将"粗细"选项设为 1 像素。在图像窗口中适当的位置绘制矩形，在属性栏中将"填充"颜色设为无，"描边"颜色设为橙黄色（195、135、73），在"图层"控制面板中生成新的形状图层"矩形 8"。用相同的方法再次绘制其他矩形，并设置"描边"颜色为灰色（210、210、210），效果如图 4-307 所示。

（22）选择"横排文字"工具 T，在适当的位置输入需要的文字并选取文字，在"字符"面板中，将"颜色"设为橙黄色（195、135、73），其他选项的设置如图 4-308 所示，按 Enter 键确定操作，效果如图 4-309 所示，在"图层"控制面板中生成新的文字图层。

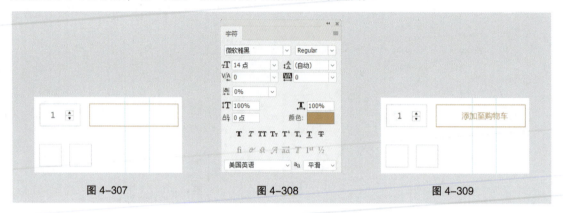

图 4-307　　　　　　图 4-308　　　　　　图 4-309

（23）在"02"图像窗口中，选择"移动"工具 ⊕，选中"购物车 拷贝"图层，在按住 Shift 键的同时，单击"参数"图层，将需要的图层同时选取，拖曳到图像窗口中适当的位置并调整大小，效果如图 4-310 所示。

（24）选择"横排文字"工具 T，在适当的位置分别输入需要的文字并选取文字，在"字符"面板中，将"颜色"设为深灰色（47、47、47），其他选项的设置如图 4-311 所示，按 Enter 键确定操作，效果如图 4-312 所示，在"图层"控制面板中分别生成新的文字图层。

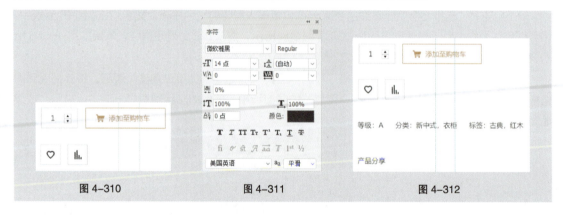

图 4-310　　　　　　图 4-311　　　　　　图 4-312

（25）在"02"图像窗口中，选择"移动"工具 ⊕，选中"微信"图层，在按住 Shift 键的同时，单击"QQ"图层，将需要的图层同时选取，拖曳到图像窗口中适当的位置并调整大小，效果如图 4-313 所示，在"图层"控制面板中生成新的形状图层"微信""微博"和"QQ"。在按住 Shift 键的同时，单击"红木推拉门衣柜"图层，将需要的图层同时选取，按 Ctrl+G 组合键，编组图层并将其命名为"产品文字详情"。

（26）选择"横排文字"工具 T，在距离上方图形 66 像素的位置输入需要的文字并选取部分文字，在"字符"面板中，将"颜色"设为浅灰色（142、142、142），其他选项的设置如图 4-314 所示，按 Enter 键确定操作。再次选取部分文字，在"字符"面板中，将"颜色"设为深灰色（47、47、47），效果如图 4-315 所示，在"图层"控制面板中生成新的文字图层。

（27）选择"直线"工具 ╱，在属性栏中将"填充"颜色设为无，"描边"颜色设为灰色（181、179、179），"粗细"选项设为 1 像素。在按住 Shift 键的同时，在图像窗口中适当的位置绘制直线，如图 4-316 所示，在"图层"控制面板中生成新的形状图层"形状 4"。

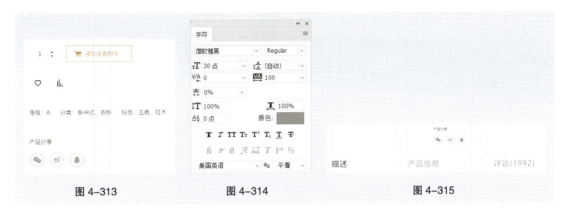

图 4-313　　　　　　　　　图 4-314　　　　　　　　　图 4-315

（28）选择"矩形"工具 □，在图像窗口中适当的位置绘制矩形。在属性栏中将"填充"颜色设为深灰色（47、47、47），"描边"颜色设为无，如图 4-317 所示，在"图层"控制面板中生成新的形状图层"矩形 10"。

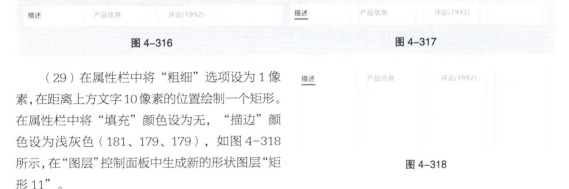

图 4-316　　　　　　　　　　　　　　　　图 4-317

（29）在属性栏中将"粗细"选项设为 1 像素，在距离上方文字 10 像素的位置绘制一个矩形。在属性栏中将"填充"颜色设为无，"描边"颜色设为浅灰色（181、179、179），如图 4-318 所示，在"图层"控制面板中生成新的形状图层"矩形 11"。

图 4-318

（30）选择"横排文字"工具 T，在图像窗口中适当的位置拖曳文本框，输入需要的文字并选取文字，在"字符"面板中，将"颜色"设为浅灰色（142、142、142），其他选项的设置如图 4-319 所示，按 Enter 键确定操作，效果如图 4-320 所示，在"图层"控制面板中生成新的文字图层。在按住 Shift 键的同时，单击"描述 …"图层，将需要的图层同时选取，按 Ctrl+G 组合键，编组图层并将其命名为"描述"。

图 4-319　　　　　　　　　　　　　　图 4-320

（31）用上述方法制作"相关产品"图层组，如图 4-321 所示，效果如图 4-322 所示。在按住 Shift 键的同时，单击"首页"图层，将需要的图层和图层组同时选取，按 Ctrl+G 组合键，编组图层并将其命名为"内容区"。

图 4-321   图 4-322

3. 制作页脚区域

（1）在"制作东方木品家居电商网站产品列表页"图像窗口中，选择"页脚"图层组。

（2）选择"移动"工具 ⊕，将选取的图层组拖曳到图像窗口中适当的位置，如图 4-323 所示，效果如图 4-324 所示。

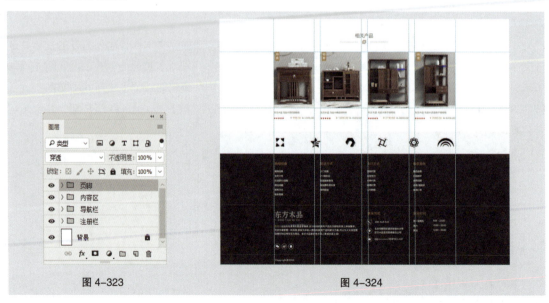

图 4-323   图 4-324

（3）按 Ctrl+S 组合键，弹出"存储为"对话框，将其命名为"制作东方木品家居电商网站产品详情页"，保存为 .psd 格式，单击"保存"按钮，单击"确定"按钮，将文件保存。东方木品家居电商网站产品详情页制作完成。

4.5 　课堂练习——制作一点生活家居电商网站

【案例学习目标】学习使用形状工具、文字工具和创建剪贴蒙版命令制作一点生活家居电商网站。

【案例知识要点】使用置入嵌入对象命令置入图片和图标，使用创建剪贴蒙版命令调整图片显示区域，使用横排文字工具添加文字，使用矩形工具和直线工具绘制基本形状，最终效果如图 4-325 所示。

【效果所在位置】云盘 /Ch04/ 制作一点生活家居电商网站。

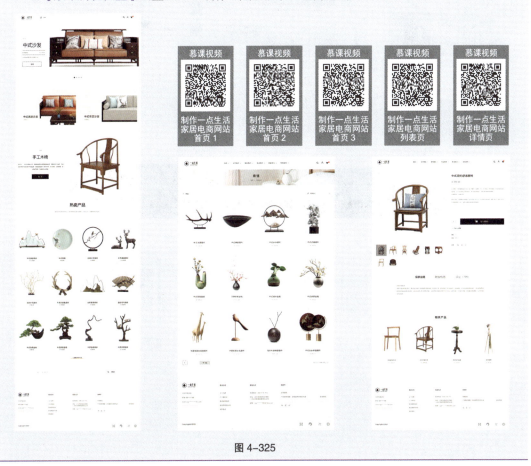

图 4-325

4.6 　课后习题——制作臻艺装饰家居电商网站

【案例学习目标】学习使用形状工具、文字工具和创建剪贴蒙版命令制作臻艺装饰家居电商网站。

【案例知识要点】使用置入嵌入对象命令置入图片和图标，使用创建剪贴蒙版命令调整图片显示区域，使用横排文字工具添加文字，使用矩形工具和直线工具绘制基本形状，最终效果如图 4-326 所示。

【效果所在位置】云盘 /Ch04/ 制作臻艺装饰家居电商网站。

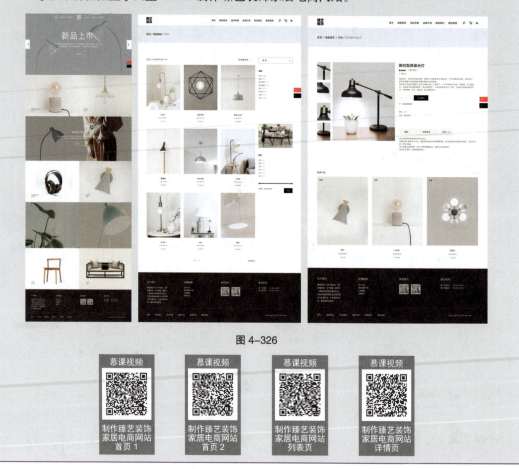

图 4-326

慕课视频

慕课视频

慕课视频

慕课视频

制作臻艺装饰家居电商网站首页 1

制作臻艺装饰家居电商网站首页 2

制作臻艺装饰家居电商网站列表页

制作臻艺装饰家居电商网站详情页

第 5 章
软件界面设计

▶ 本章介绍

软件界面设计泛指对软件的界面进行美化设计。本章针对软件界面设计的基础知识、软件界面的设计规范、软件常用的界面类型以及软件界面的绘制方法进行系统讲解与演练。通过本章的学习，读者可以对软件界面设计有一个基本的认识，并能快速掌握绘制软件常用界面的规范和方法。

学习目标

知识目标

1. 熟悉软件界面设计的基础知识

2. 掌握软件界面的设计规范

3. 明确软件常用的界面类型

慕课视频

软件界面设计

能力目标

1. 明确软件界面的设计思路

2. 掌握首页的绘制方法

3. 掌握歌单页的绘制方法

4. 掌握歌曲列表页的绘制方法

素质目标

1. 培养良好的软件界面设计习惯

2. 培养对软件界面的审美鉴赏能力

3. 培养有关软件界面设计的创意能力

5.1 软件界面设计的基础知识

软件界面设计的基础知识包括软件界面设计的概念、软件界面设计的流程以及软件界面设计的原则。

5.1.1 软件界面设计的概念

软件界面（Software Interface）设计是界面设计的一个分支，主要针对软件的界面进行交互操作逻辑、用户情感化体验、界面元素美观的整体设计。具体设计内容包括软件启动界面设计、软件框架设计、图标设计等，如图 5-1 所示。

图 5-1

5.1.2 软件界面设计的流程

软件界面设计的流程包括分析调研、资料收集、交互设计、交互自查、视觉设计、测试验证等环节，如图 5-2 所示。

图 5-2

1. 分析调研

与 App 和网页的界面设计类似，软件界面设计也要先分析需求，明确设计方向。图 5-3 所示是 3 款音乐播放器的界面，由于产品需求的不同，导致设计风格有所区别。

2. 资料收集

根据初步确定的设计方向和界面风格，进行软件界面相关的资料收集以及整理，为接下来的交互设计做准备，传统风格音乐播放器界面的部分资料收集内容如图 5-4 所示。

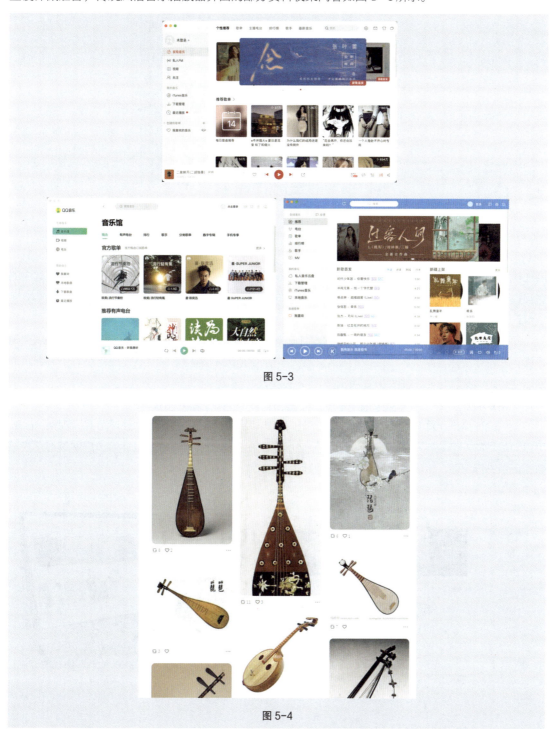

图 5-3

图 5-4

3. 交互设计

交互设计是对整个软件界面设计进行初步构思和制定的环节。一般需要进行纸面原型设计、架构设计、流程图设计、线框图设计等，设计过程中的手绘稿，如图 5-5 所示。

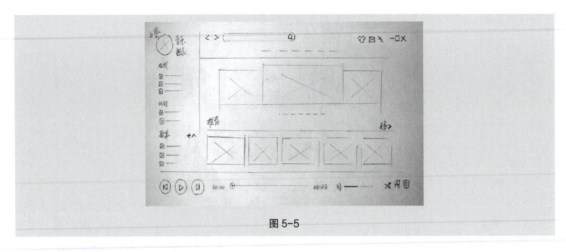

图 5-5

4. 交互自查

交互设计完成之后，进行交互自查，这是整个软件界面设计流程中非常重要的一个环节。其可以在执行视觉设计之前检查出是否有遗漏、缺失等细节问题，具体可以参考 App 界面设计流程中的交互自查。

5. 视觉设计

原型图审查通过后，就可以进入视觉设计环节了，这个环节的设计图即产品最终呈现给用户的界面，其设计要求与网页界面设计的类似。最后运用 Axure、墨刀等软件制作成可交互的高保真原型以便后续的测试验证，如图 5-6 所示。

6. 测试验证

测试验证是指让具有代表性的用户进行典型操作，设计人员和开发人员在此环节共同观察、记录，可以对设计的细节进行相关的调整，如图 5-7 所示。在产品正式上线后，设计人员应继续对用户的数据反馈进行记录，验证前期的设计，并持续优化。

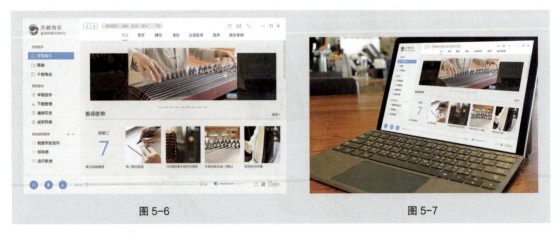

图 5-6   图 5-7

5.1.3 软件界面设计的原则

在进行软件界面设计时，我们主要针对计算机应用界面、App 界面、网页界面以及游戏界面进行设计。对于 App 界面、网页界面的设计原则，我们在前文中都已阐述，本小节主要围绕Windows 系统下的 Fluent Design 语言（微软公司于 2017 年开发的设计语言，其存在五大核心元素，如图 5-8 所示）中的设计原则进行讲解。

Fluent Design 有自适应、共鸣、美观三大原则。

1. 自适应：在每台设备上都显得自然

Fluent Design 可根据环境进行调整，可以很好地在平板计算机、台式机、Xbox 甚至混合现实头戴式显示设备上运行。此外，当用户添加更多的硬件，如增加额外的显示器时，画面也会正常显示，如图 5-9 所示。

图 5-8　　　　　　　　　　　　　　　　　图 5-9

2. 共鸣：直观且强大

Fluent Design 能了解和预测用户需求，并根据用户的行为和意图进行调整，当某个体验的行为方式符合用户的期望时，相应界面就显得很直观，如图 5-10 所示。

3. 美观：吸引力十足

Fluent Design 重视视觉效果，通过融入物理世界的元素，如光线、阴影、动效、深度以及纹理等，增强用户体验的视觉效果，让应用变得更具吸引力，如图 5-11 所示。

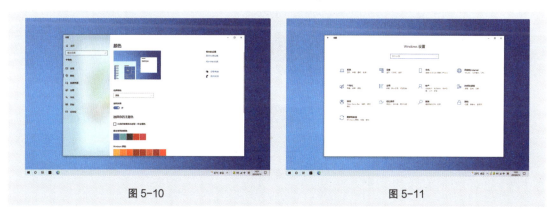

图 5-10　　　　　　　　　　　　　　　　　图 5-11

5.2　软件界面的设计规范

软件界面的设计规范也包括设计尺寸及单位、界面结构、布局、文字及图标 5 个方面，我们围绕 Fluent Design 语言中的规范进行讲解。Fluent Design 语言可以为不同平台的 Windows 软件界面的设计提供指导，如图 5-12 所示。通过 Fluent Design，我们不仅能掌握前面的 App 界面、网页界面的设计规范，还能系统掌握 Windows 计算机应用的设计规范。

慕课视频

软件界面的
设计规范

图 5-12

5.2.1 软件界面设计的尺寸及单位

1. 相关单位

有效像素（Effective Pixels，epx），是一个虚拟度量单位，用于表示布局尺寸和间距（独立于PPI）。基于 Windows 缩放系统需要保证元素识别的工作原理，在设计通用 Windows 平台应用时，要以有效像素而不是实际物理像素（px）为单位进行设计，在这里有效像素可等同于物理像素，如图 5-13 所示。

epx = px

图 5-13

2. 设计尺寸

软件应用可在手机、平板计算机、计算机、电视等设备上运行，设计人员可建立一套完整的设计系统，而不是为每台设备都进行独立的 UI 设计。例如在设计通用 Windows 平台应用时，建议针对 Windows 10 设备的关键断点进行设计，并实现通用，如图 5-14 所示。

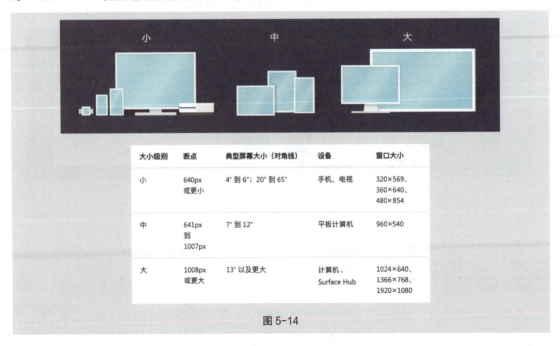

大小级别	断点	典型屏幕大小（对角线）	设备	窗口大小
小	640px 或更小	4" 到 6"；20" 到 65"	手机、电视	320×569、360×640、480×854
中	641px 到 1007px	7" 到 12"	平板计算机	960×540
大	1008px 或更大	13" 以及更大	计算机、Surface Hub	1024×640、1366×768、1920×1080

图 5-14

在针对特定断点进行设计时，应针对应用的屏幕可用空间大小进行设计，而不是针对实际屏幕大小进行设计。当应用全屏运行时，应用窗口的大小与屏幕的大小基本相同，但当应用不全屏运行时，应用窗口的大小则小于屏幕的大小，如图 5-15 所示。

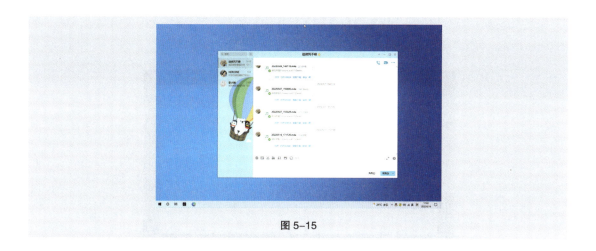

图 5-15

5.2.2 软件界面设计的界面结构

通用 Windows 平台的软件界面通常由导航、命令栏和内容组成，其结构如图 5-16 所示。

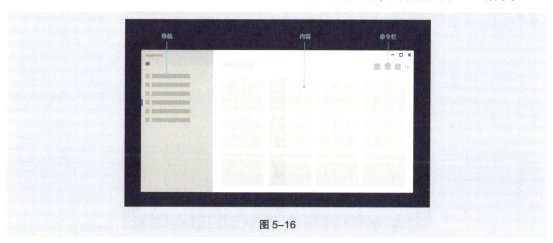

图 5-16

5.2.3 软件界面设计的布局

1. 页面布局

（1）导航。常见的导航模式有左侧导航和顶部导航两种，如图 5-17 所示。

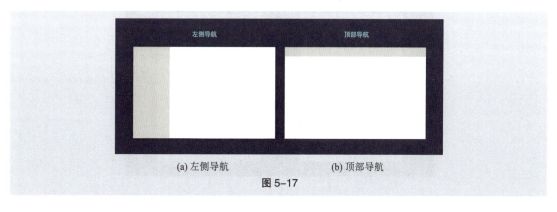

(a) 左侧导航　　　　　　　　　(b) 顶部导航

图 5-17

• 左侧导航：当有超过 5 个导航项目或应用程序中超过 5 个页面时，建议使用左侧导航，如图 5-18 所示。导航内通常包含导航项目、应用设置栏目以及账户设置栏目。

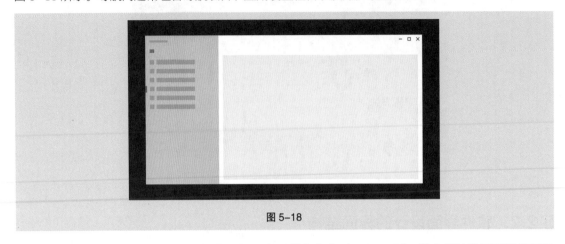

图 5-18

菜单按钮允许用户展开和折叠导航面板。当屏幕宽度大于 640px 时，单击菜单按钮可以将导航面板展开，如图 5-19 所示。

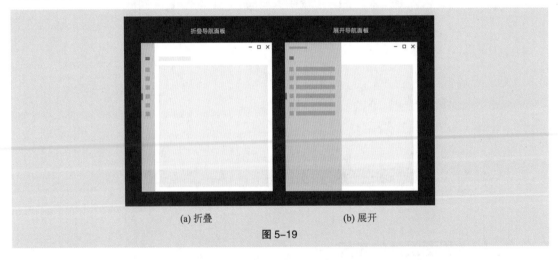

(a) 折叠   (b) 展开

图 5-19

当屏幕宽度小于 640px 时，导航面板被完全折叠，点击菜单按钮后可展开，如图 5-20 所示。

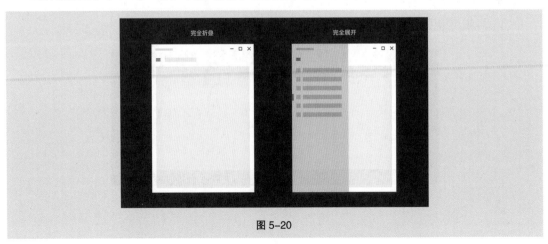

图 5-20

• 顶部导航：顶部导航可以作为一级导航。相较于可折叠的左侧导航，顶部导航始终可见，如图 5-21 所示。

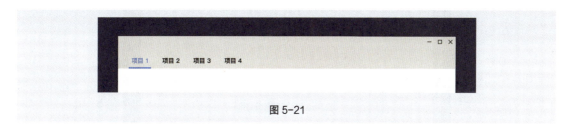

图 5-21

（2）命令栏。命令栏为用户提供应用程序中常见功能的快速访问方式。命令栏可以提供对应用程序级或页面级命令的访问，并且可以与任何导航模式一起使用。

命令栏可以放在页面的顶部或底部，以适合应用程序的设计为准，顶部命令栏如图 5-22 所示，底部命令栏如图 5-23 所示。

图 5-22   图 5-23

（3）内容。内容因应用程序而异，因此可以通过多种不同的方式呈现内容。这里主要通过剖析常见的页面模式来介绍内容的布局方式。其中着陆页、集合页、主/细节页、详细信息页以及表单页的布局分别如图 5-24 ～图 5-28 所示。

图 5-24   图 5-25

图 5-26   图 5-27

图 5-28

2. 响应式布局

使用响应式布局可保证软件在所有设备上清晰可辨、易于使用。其中所有设备的尺寸及内外边距都应为 4px 的倍数。对于较小的窗口宽度（小于 640px），建议使用 12px 外边距；而对于较大的窗口宽度，建议使用 24px 外边距，如图 5-29 所示。

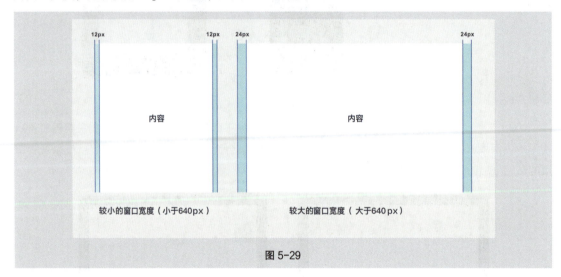

图 5-29

5.2.4 软件界面设计的文字

文字在前面的 App 和网页的界面设计中都已详细介绍过，因此本小节主要针对 Windows 平台应用介绍文字。

1. 系统字体

在通用 Windows 平台应用中，建议英文使用默认字体 Segoe UI，如图 5-30 所示。

当应用显示非英语语言时可选择另一种字体，其中中文的字体建议使用默认字体（如微软雅黑），如图 5-31 所示。

ABCDEFGHIJKLMNOP
QRSTUVWXYZ
abcdefghijklmnopqrs
tuvwxyz
1234567890

Segoe UI Regular

图 5-30

非拉丁语言字体

字体系列	样式	注意
Ebrima	常规、粗体	非洲语言脚本的用户界面字体（埃塞俄比亚文、西非书面文、索马里文、提芬纳格文、瓦伊文）
Gadugi	常规、粗体	北美语言脚本的用户界面字体（加拿大音节文字、切罗基语）
Leelawadee UI	常规、半细、粗体	东南亚语言脚本的用户界面字体（布吉斯语、老挝语、泰语）
Malgun Gothic	常规	朝鲜语的用户界面字体
Microsoft JhengHei UI	常规、粗体、细体	繁体中文的用户界面字体
Microsoft YaHei UI	常规、粗体、细体	简体中文的用户界面字体
Myanmar Text	常规	缅甸文脚本的后备字体
Nirmala UI	常规、半细、粗体	南亚语言脚本的用户界面字体（孟加拉语、梵文、古吉拉特语、锡克教文、埃纳德语、马拉雅拉姆语、奥里亚语、欧甘语、僧伽罗语、索拉文、泰米尔语、泰卢固语）
SimSun	常规	传统的中文用户界面字体
Yu Gothic UI	细体、半细、常规、半粗、粗体	日语的用户界面字体

图 5-31

在进行 UI 设计时，Sans-serif 字体是适合用于标题和 UI 元素的，如图 5-32 所示。Serif 字体适合用于显示大量正文，如图 5-33 所示。

Sans-serif 字体

Sans-serif 字体是用于标题和 UI 元素的不错选择。

字体系列	样式	注意
Arial	常规、斜体、粗体、粗斜体、黑体	支持欧洲和中东语言脚本（拉丁文、希腊语、西里尔文、阿拉伯语、亚美尼亚语和希伯来语），黑粗体仅支持欧洲语言脚本
Calibri	常规、斜体、粗体、粗斜体、细体、细斜体	支持欧洲和中东语言脚本（拉丁文、希腊语、西里尔文、阿拉伯语和希伯来语）。阿拉伯语仅在竖体中可用
Consolas	常规、斜体、粗体、粗斜体	支持欧洲语言脚本（拉丁文、希腊语和西里尔文）的固定宽度字体
Segoe UI	常规、斜体、细斜体、黑斜体、粗体、粗斜体、细体、半细、半粗、黑体	欧洲和中东语言脚本（阿拉伯语、亚美尼亚语、西里尔文、格鲁吉亚语、希腊语、希伯来语、拉丁文）以及傈僳语脚本的用户界面字体
Selawik	常规、半细、细体、粗体、半粗	在计量方面与 Segoe UI 兼容的开源字体，用于其他平台上不希望使用 Segoe UI 的应用

图 5-32

2. 字号及文字粗细

通用 Windows 平台上的文字通过字号及文字粗细的变化，可在页面上建立信息的层次关系，帮助用户轻松阅读内容，如图 5-34 所示。

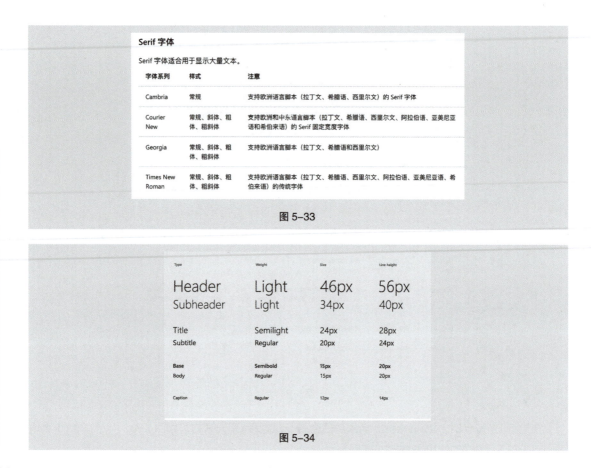

图 5-33

图 5-34

5.2.5 软件界面设计的图标

软件中的图标主要分为应用图标和界面图标，如图 5-35 所示。

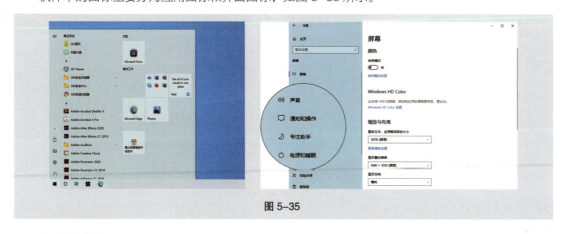

图 5-35

1. 应用图标

前文针对 iOS 和 Android 的应用图标进行过详细的讲解，本小节主要讲解 Windows 平台中的应用图标。应用图标会应用于 Windows 中的不同场景，由于场景不同，图标的具体名称也会有所变化，如图 5-36 所示。

图标名称	显示在	资源文件名示例
小磁贴	开始菜单	SmallTile.png
中等磁贴	开始菜单	Square150x150Logo.png
宽磁贴	开始菜单	Wide310x150Logo.png
大磁贴	开始菜单	LargeTile.png
应用	开始菜单、任务栏、任务管理器的应用列表	Square44x44Logo.png
初始屏幕	应用的初始屏幕	SplashScreen.png
锁屏提醒	应用磁贴	BadgeLogo.png
程序包/应用商店	应用安装程序、合作伙伴中心、应用商店，以及应用商店中的"写评论"选项中的"报告应用程序"选项	StoreLogo.png

图 5-36

（1）磁贴图标。磁贴图标分为小磁贴（71px×71px）、中等磁贴（150px×150px）、宽磁贴（310px×150px）、大磁贴（310px×310px）。

小磁贴：将图标宽度和高度分割限制为磁贴大小的 66%，如图 5-37 所示。

中等磁贴：将图标宽度限制为磁贴大小的 66%，将高度限制为磁贴大小的 50%。这样可以防止品牌栏中的元素重叠，如图 5-38 所示。

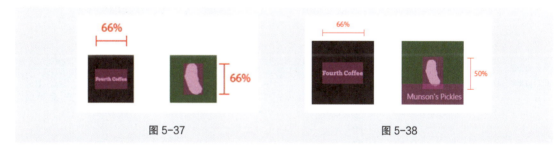

图 5-37   图 5-38

宽磁贴：将图标宽度限制为磁贴大小的 66%，将高度限制为磁贴大小的 50%。这样可以防止品牌栏中的元素重叠，如图 5-39 所示。

大磁贴：将图标宽度限制为磁贴大小的 66%，将高度限制为磁贴大小的 50%，如图 5-40 所示。

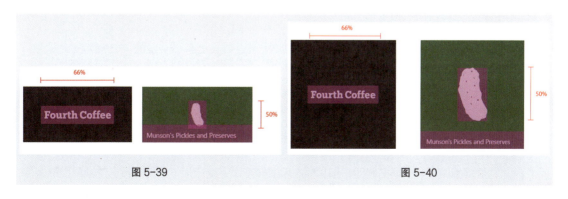

图 5-39   图 5-40

（2）应用图标的设计尺寸。桌面开始菜单的应用列表、桌面任务栏、桌面快捷方式、桌面控制面板中，应用图标的设计尺寸如图 5-41 所示。

资源大小 (px×px)	文件名示例
16×16*	Square44x44Logo.targetsize-16.png
24×24*	Square44x44Logo.targetsize-24.png
32×32*	Square44x44Logo.targetsize-32.png
48×48*	Square44x44Logo.targetsize-48.png
256×256*	Square44x44Logo.targetsize-256.png
20×20	Square44x44Logo.targetsize-20.png
30×30	Square44x44Logo.targetsize-30.png
36×36	Square44x44Logo.targetsize-36.png
40×40	Square44x44Logo.targetsize-40.png
60×60	Square44x44Logo.targetsize-60.png
64×64	Square44x44Logo.targetsize-64.png
72×72	Square44x44Logo.targetsize-72.png
80×80	Square44x44Logo.targetsize-80.png
96×96	Square44x44Logo.targetsize-96.png

图 5-41

（3）初始屏幕图标。初始屏幕的尺寸如图 5-42 所示，图标对应放置于屏幕内，一般建议在 620px×300px 的初始屏幕内进行图标设计。

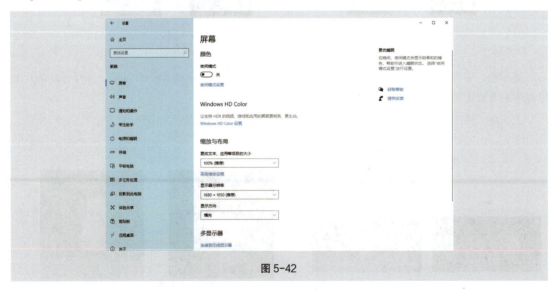

图 5-42

（4）锁屏提醒图标。锁屏提醒图标和其他应用图标不同，设计师不能使用自己的锁屏提醒图像，仅可以使用系统提供的锁屏提醒图像。

（5）应用商店图标。应用商店中，可以上传图标代替图像，图标尺寸可以设计成300px×300px、150px×150px和71px×71px。虽然可以设计3种大小的图像，但上传时只上传300px×300px的图像即可，如图5-43所示。

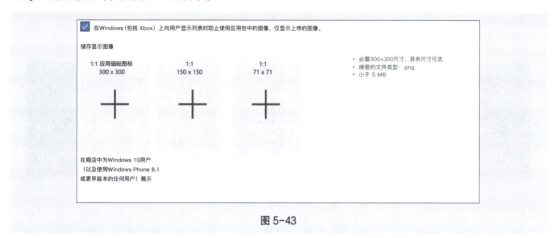

图 5-43

2. 界面图标

这里主要总结 Windows 软件界面图标的一些正确使用方法。

（1）使用系统自带图标。微软公司向用户提供了 1000 多个 Segoe MDL2 Assets 字体格式的图标，部分如图 5-44 所示。这些图标能够在不同的显示器、分辨率，甚至不同尺寸下保证清晰的外观。

图 5-44

（2）使用图标字体。除了系统自带的 Segoe MDL2 Assets 字体，还可以使用如 Wingdings 或 Webdings 等图标字体，如图 5-45 所示。

图 5-45

（3）使用 SVG 文件图标。SVG 文件图标可以在任何尺寸或分辨率下都保持清晰的外观，并且大多数绘图软件都可以将图标导出为 SVG 文件，因此它非常适合作为图标资源，如图 5-46 所示。

（4）使用几何图形。几何图形与 SVG 文件一样，也是一种基于矢量的资源，所以可以保证清晰的外观。由于必须单独指定每个点和每条曲线，因此创建几何图形比较复杂，如图 5-47 所示。如果需要在应用运行时修改图标（以便对其进行动画处理等），几何图形非常适用。

图 5-46　　　　　　　　　　　　　　　　图 5-47

（5）可以使用位图（如 PNG 图像、GIF 图像或 JPEG 图像）。位图要以特定尺寸创建，当图像缩小时，它通常会变模糊；当放大时，它通常会带有像素颗粒，如图 5-48 所示，因此不建议使用位图设计。如果必须使用位图，建议使用 PNG 图像或 GIF 图像而不是 JPEG 图像。

图 5-48

5.3　软件常用的界面类型

软件界面设计是影响整个软件用户体验的关键。在软件界面中，常用界面类型为启动页、着陆页、集合页、主 / 细节页、详细信息页以及表单页。

1. 启动页

启动页（Launch Screen）通常是用户等待应用程序启动时的界面，如图 5-49 所示。出色的启动页可以令用户在等待软件启动时眼前一亮，并对产品产生深刻的印象。

2. 着陆页

着陆页又称为"登录页"，通常为用户使用软件时出现的页面。在软件应用中，大面积的设计区

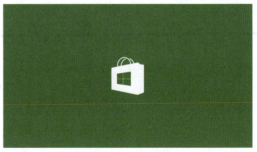

图 5-49

域用来突出显示用户可能想要浏览和使用的内容，如图 5-50 所示。

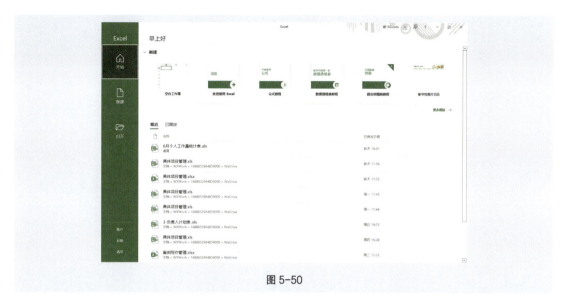

图 5-50

3. 集合页

集合页方便用户浏览内容组或数据组。其中，网格视图适用于以照片或媒体为中心的内容，如图 5-51 所示，列表视图则适用于文本或数据密集型的内容。

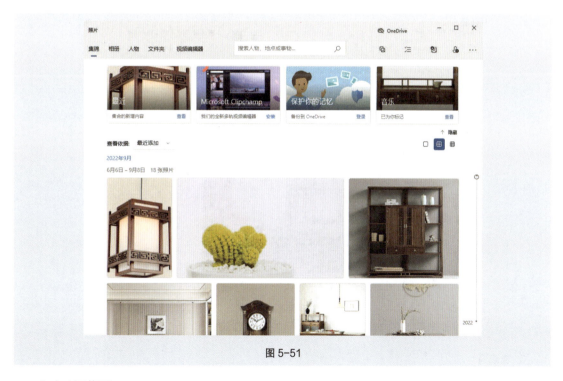

图 5-51

4. 主 / 细节页

主 / 细节页由列表视图（主）和内容视图（细节）共同组成。两个视图都是固定且可以垂直滚动的。当选择列表视图中的项目时，内容视图也会对应更新，如图 5-52 所示。

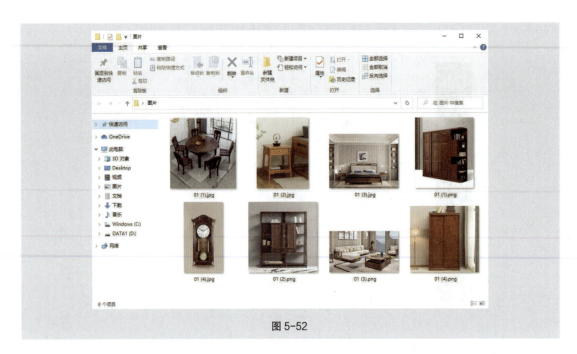

图 5-52

5. 详细信息页

在主 / 细节页基础之上可创建内容的详细信息页，以便用户能够查看详细信息，如图 5-53 所示。

图 5-53

6. 表单页

表单由一组控件组成，用于收集和提交来自用户的数据。大多数应用将表单用于页面设置、账户创建、意见反馈等，如图 5-54 所示。

图 5-54

5.4 课堂案例——制作天籁音乐播放器软件界面

5.4.1 课堂案例——制作天籁音乐播放器软件首页

【案例学习目标】学习使用形状工具、文字工具和创建剪贴蒙版命令制作天籁音乐播放器软件首页。

【案例知识要点】使用矩形工具添加底图颜色，使用置入嵌入对象命令置入图片和图标，使用创建剪贴蒙版命令调整图片显示区域，使用横排文字工具添加文字，使用矩形工具、圆角矩形工具、椭圆工具和直线工具绘制基本形状，效果如图 5-55 所示。

【效果所在位置】云盘 /Ch05 / 制作天籁音乐播放器软件界面 / 制作天籁音乐播放器软件首页 / 工程文件 .psd。

图 5-55

具体步骤如下。

1. 制作侧导航

（1）按 Ctrl+N 组合键，弹出"新建文档"对话框，设置"宽度"为 900 像素，"高度"为 580 像素，"分辨率"为 72 像素 / 英寸，将"背景内容"设为灰色（241、241、241），如图 5-56 所示，单击"创建"按钮，完成文档新建。

（2）选择"视图"→"新建参考线版面"命令，弹出"新建参考线版面"对话框，设置如图 5-57 所示。单击"确定"按钮，完成参考线版面的创建。

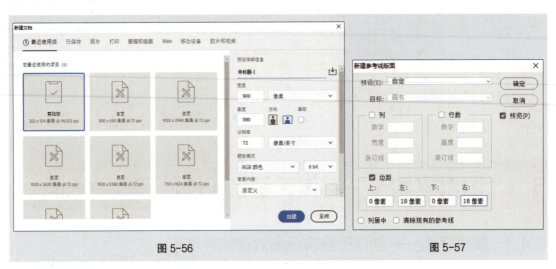

图 5-56　　　　　　　　　　　　　　　　图 5-57

（3）选择"视图"→"新建参考线"命令，弹出"新建参考线"对话框，在 74 像素的位置新建一条水平参考线，设置如图 5-58 所示，单击"确定"按钮，完成参考线的创建。用相同的方法，在 520 像素处创建另一条水平参考线，在 194 像素处创建一条垂直参考线，效果如图 5-59 所示。

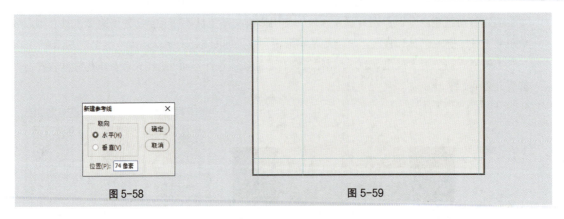

图 5-58　　　　　　　　　　　　　　　　图 5-59

（4）选择"矩形"工具 ▢，在属性栏中的"选择工具模式"选项中选择"形状"，将"填充"颜色设为浅灰色（246、246、246），"描边"颜色设为无。在图像窗口中适当的位置绘制矩形，如图 5-60 所示，在"图层"控制面板中生成新的形状图层"矩形 1"。

（5）选择"椭圆"工具 ◯，在按住 Shift 键的同时，在图像窗口中适当的位置绘制圆形。在属性栏中将"填充"颜色设为黑色，"描边"颜色设为无，如图 5-61 所示，在"图层"控制面板中生成新的形状图层"椭圆 1"。

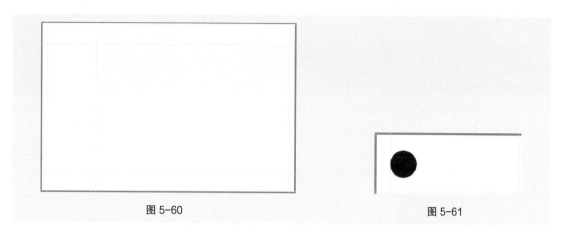

图 5-60   图 5-61

（6）选择"文件"→"置入嵌入对象"命令，弹出"置入嵌入的对象"对话框，选择云盘中的"Ch05"→"制作天籁音乐播放器软件界面"→"制作天籁音乐播放器软件首页"→"素材"→"01"文件，单击"置入"按钮，将图片置入图像窗口中，将其拖曳到适当的位置并调整大小，按 Enter 键确定操作，在"图层"控制面板中生成新的图层并将其命名为"头像"。按 Alt+Ctrl+G 组合键，为"头像"图层创建剪贴蒙版，效果如图 5-62 所示。

（7）选择"横排文字"工具 T.，在适当的位置分别输入需要的文字并分别选取文字。选择"窗口"→"字符"命令，弹出"字符"面板，将"颜色"设为灰色（103、103、103），其他选项的设置分别如图 5-63 和图 5-64 所示，按 Enter 键确定操作，效果如图 5-65 所示，在"图层"控制面板中分别生成新的文字图层。

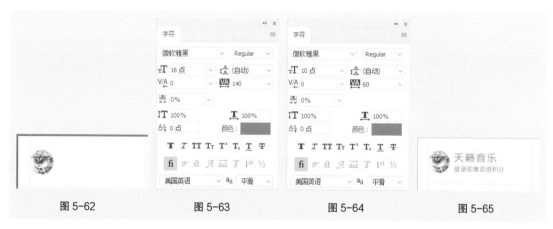

图 5-62   图 5-63   图 5-64   图 5-65

（8）选择"横排文字"工具 T.，在适当的位置输入需要的文字并选取文字，在"字符"面板中，将"颜色"设为灰色（103、103、103），其他选项的设置如图 5-66 所示，按 Enter 键确定操作，效果如图 5-67 所示，在"图层"控制面板中生成新的文字图层。

（9）选择"圆角矩形"工具 □.，在属性栏中将"填充"颜色设为蓝色（63、170、254），"描边"颜色设为无，"半径"选项设为 2 像素。在距离上方文字 12 像素的位置绘制圆角矩形，如图 5-68 所示，在"图层"控制面板中生成新的形状图层"圆角矩形 1"。

（10）按 Ctrl + O 组合键，打开云盘中的"Ch05"→"制作天籁音乐播放器软件界面"→"制作天籁音乐播放器软件首页"→"素材"→"02"文件。选择"移动"工具 +.，将"耳机"图形拖曳到图像窗口中适当的位置并调整大小，效果如图 5-69 所示，在"图层"控制面板中生成新的形状图层"耳机"。

（11）选择"横排文字"工具 T.，在适当的位置输入需要的文字并选取文字，在"字符"面板中，将"颜色"设为白色，其他选项的设置如图 5-70 所示，按 Enter 键确定操作，效果如图 5-71 所示，在"图层"控制面板中生成新的文字图层。

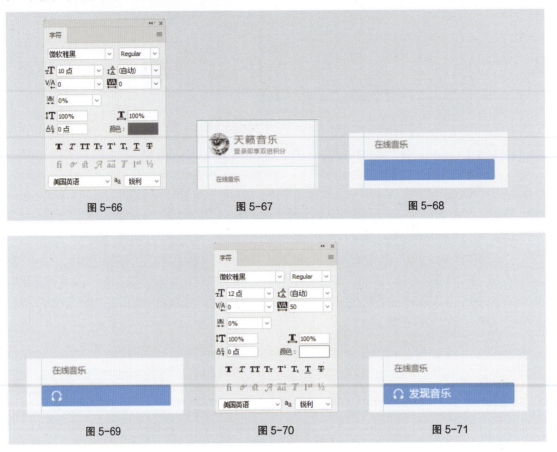

图 5-66   图 5-67   图 5-68

图 5-69   图 5-70   图 5-71

（12）选择"横排文字"工具 T.，在适当的位置拖曳文本框，输入需要的文字并选取文字，在"字符"面板中，将"颜色"设为黑色，其他选项的设置如图 5-72 所示，按 Enter 键确定操作，效果如图 5-73 所示，在"图层"控制面板中生成新的文字图层。用相同的方法输入其他文字，效果如图 5-74 所示。

图 5-72   图 5-73   图 5-74

（13）在"02"图像窗口中，选择"移动"工具 ⊕ ，选中"视频"图层，将其拖曳到图像窗口中适当的位置并调整大小，效果如图 5-75 所示，在"图层"控制面板中生成新的形状图层"视频"。用相同的方法分别将需要的图层拖曳到图像窗口中并调整大小，如图 5-76 所示。

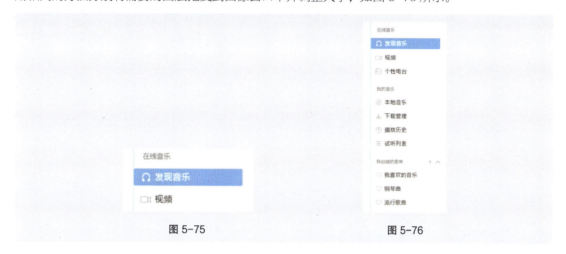

图 5-75   图 5-76

（14）在按住 Shift 键的同时，单击"视频"图层，将需要的图层同时选取，按 Ctrl+G 组合键，编组图层并将其命名为"小图标"。在按住 Shift 键的同时，单击"矩形 1"图层，将需要的图层同时选取，按 Ctrl+G 组合键，编组图层并将其命名为"侧导航"。

2. 制作导航栏

（1）选择"矩形"工具 ▢ ，在属性栏中将"填充"颜色设为白色，"描边"颜色设为无。在图像窗口中适当的位置绘制矩形，如图 5-77 所示，在"图层"控制面板中生成新的形状图层"矩形 2"。

图 5-77

（2）选择"视图"→"新建参考线"命令，弹出"新建参考线"对话框，在 36 像素的位置新建一条水平参考线，设置如图 5-78 所示，单击"确定"按钮，完成参考线的创建。

（3）选择"圆角矩形"工具 ▢ ，在属性栏中将"粗细"选项设为 1 像素，"半径"选项设为 2 像素，在图像窗口中适当的位置绘制圆角矩形。在属性栏中将"填充"颜色设为无，"描边"颜色设为灰色（148、148、148），效果如图 5-79 所示，在"图层"控制面板中生成新的形状图层"圆角矩形 2"。

图 5-78   图 5-79

（4）选择"直线"工具 ╱ ，在属性栏中将"粗细"选项设为 1 像素，在按住 Shift 键的同时，在图像窗口中适当的位置绘制直线。在属性栏中将"填充"颜色设为无，"描边"颜色设为灰色（148、148、148），效果如图 5-80 所示，在"图层"控制面板中生成新的形状图层"形状 1"。

（5）在"02"图像窗口中，选择"移动"工具 ⊕ ，选中"上一页"图层，将其拖曳到图像窗口中适当的位置并调整大小，效果如图 5-81 所示，在"图层"控制面板中生成新的形状图层"上一页"。

用相同的方法，拖曳"下一页"图层到图像窗口中适当的位置并调整大小，效果如图 5-82 所示。

（6）选择"圆角矩形"工具 ▢ ，在属性栏中将"半径"选项设为 10 像素，在图像窗口中适当的位置绘制圆角矩形。在属性栏中将"填充"颜色设为浅灰色（234、234、234），"描边"颜色设为无，如图 5-83 所示，在"图层"控制面板中生成新的形状图层"圆角矩形 3"。

图 5-80   图 5-81   图 5-82   图 5-83

（7）选择"横排文字"工具 T ，在适当的位置输入需要的文字并选取文字，在"字符"面板中，将"颜色"设为浅灰色（234、234、234），其他选项的设置如图 5-84 所示，按 Enter 键确定操作，效果如图 5-85 所示，在"图层"控制面板中生成新的文字图层。

图 5-84   图 5-85

（8）在"02"图像窗口中，选择"移动"工具 ⊕ ，选中"搜索"图层，将其拖曳到图像窗口中适当的位置并调整大小，效果如图 5-86 所示，在"图层"控制面板中生成新的形状图层"搜索"。用相同的方法，分别将其他需要的图层拖曳到图像窗口中适当的位置并调整大小，效果如图 5-87 所示。

图 5-86   图 5-87

（9）选择"横排文字"工具 T ，在距离上方图形 14 像素的位置输入需要的文字并选取文字，在"字符"面板中，将"颜色"设为深灰色（39、39、39），其他选项的设置如图 5-88 所示，按 Enter 键确定操作，在"图层"控制面板中生成新的文字图层。再次选取需要的文字，在"字符"面板中，将"颜色"设为蓝色（63、170、254），效果如图 5-89 所示。

（10）选择"直线"工具 ╱ ，在属性栏中将"填充"颜色设为无，"描边"颜色设为蓝色（63、170、254），"粗细"选项设为 2 像素。在按住 Shift 键的同时，在图像窗口中适当的位置绘制直线，如图 5-90 所示，在"图层"控制面板中生成新的形状图层"形状 2"。

（11）在按住 Shift 键的同时，单击"矩形 2"图层，将需要的图层同时选取，按 Ctrl+G 组合键，将图层编组并将其命名为"导航栏"，如图 5-91 所示。

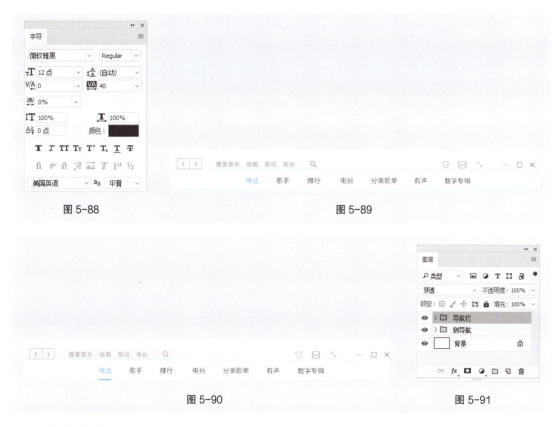

图 5-88

图 5-89

图 5-90

图 5-91

3. 制作内容区 1

（1）选择"视图"→"新建参考线"命令，弹出"新建参考线"对话框，在 228 像素的位置新建一条垂直参考线，设置如图 5-92 所示，单击"确定"按钮，完成参考线的创建。

（2）选择"矩形"工具 ▢ ，在属性栏中将"填充"颜色设为黑色，"描边"颜色设为无。在距离上方图形 42 像素的位置绘制矩形，如图 5-93 所示，在"图层"控制面板中生成新的形状图层"矩形 3"。

图 5-92

图 5-93

（3）按 Ctrl+J 组合键，复制"矩形 3"图层，在"图层"控制面板中生成新的形状图层"矩形 3 拷贝"，将其"不透明度"选项设置为 70%，如图 5-94 所示，按 Enter 键确定操作。单击"矩形 3 拷贝"图层左侧的眼睛图标 ◉ ，隐藏该图层，并选中"矩形 3"图层，如图 5-95 所示。

（4）选择"文件"→"置入嵌入对象"命令，弹出"置入嵌入的对象"对话框，选择云盘中的"Ch05"→"制作天籁音乐播放器软件界面"→"制作天籁音乐播放器软件首页"→"素材"→"03"

文件，单击"置入"按钮，将图片置入图像窗口中，将其拖曳到适当的位置并调整大小，按 Enter 键确定操作，在"图层"控制面板中生成新的图层"03"。按 Alt+Ctrl+G 组合键，为"03"图层创建剪贴蒙版，图像效果如图 5-96 所示。

图 5-94   图 5-95   图 5-96

（5）选择"横排文字"工具 T.，在适当的位置输入需要的文字并选取文字，在"字符"面板中，将"颜色"设为橘黄色（255、103、1），其他选项的设置如图 5-97 所示，按 Enter 键确定操作，效果如图 5-98 所示，在"图层"控制面板中生成新的文字图层。

（6）选择"矩形"工具 □.，在属性栏中将"填充"颜色设为无，"描边"颜色设为橘黄色（255、103、1），"粗细"选项设为 1 像素。在图像窗口中适当的位置绘制矩形，如图 5-99 所示，在"图层"控制面板中生成新的形状图层"矩形 4"。

图 5-97   图 5-98   图 5-99

（7）选择"横排文字"工具 T.，在适当的位置输入需要的文字并选取文字，在"字符"面板中，将"颜色"设为橘黄色（255、103、1），其他选项的设置如图 5-100 所示，按 Enter 键确定操作，效果如图 5-101 所示，在"图层"控制面板中生成新的文字图层。

（8）在适当的位置再次输入需要的文字并选取文字，在"字符"面板中，

图 5-100   图 5-101

将"颜色"设为白色，其他选项的设置如图 5-102 所示，按 Enter 键确定操作，效果如图 5-103 所示，在"图层"控制面板中生成新的文字图层。

图 5-102   图 5-103

（9）选择"直线"工具 ╱.，在属性栏中将"填充"颜色设为无，"描边"颜色设为白色，"粗细"选项设为 1 像素。在按住 Shift 键的同时，在图像窗口中适当的位置绘制直线，在"图层"控制面板中生成新的形状图层"形状 3"。

（10）选择"直接选择"工具 ▸.，选取需要的锚点，如图 5-104 所示，将其拖曳到适当的位置，效果如图 5-105 所示。

图 5-104   图 5-105

（11）选择"横排文字"工具 T.，在适当的位置输入需要的文字并选取文字，在"字符"面板中，将"颜色"设为橘黄色（255、103、1），其他选项的设置如图 5-106 所示，按 Enter 键确定操作，效果如图 5-107 所示，在"图层"控制面板中生成新的文字图层。

图 5-106   图 5-107

（12）单击"矩形 3 拷贝"图层左侧的空白图标■，显示该图层，效果如图 5-108 所示。在按住 Shift 键的同时，单击"矩形 3"图层，将需要的图层同时选取，按 Ctrl+G 组合键，将图层编组并将其命名为"左侧 Banner"，如图 5-109 所示。

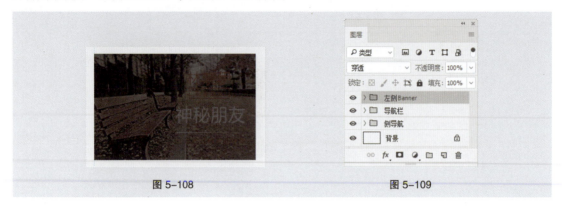

图 5-108   图 5-109

（13）用相同的方法制作"右侧 Banner"和"中间 Banner"，效果如图 5-110 所示。选择"视图"→"新建参考线"命令，弹出"新建参考线"对话框，在 296 像素的位置新建一条水平参考线，如图 5-111 所示，单击"确定"按钮，完成参考线的创建。用相同的方法，在 868 像素处创建一条垂直参考线。

图 5-110   图 5-111

（14）选择"圆角矩形"工具 ▢，在属性栏中将"半径"选项设为 10 像素，在图像窗口中适当的位置绘制圆角矩形。在属性栏中将"填充"颜色设为浅灰色（215、215、215），"描边"颜色设为无，效果如图 5-112 所示，在"图层"控制面板中生成新的形状图层并将其命名为"滚动条"。

（15）选择"直线"工具 ╱，在属性栏中将"粗细"选项设为 2 像素，在按住 Shift 键的同时，在距离上方图形 22 像素的位置绘制直线。在属性栏中将"填充"颜色设为灰色（167、167、167），"描边"颜色设为无，在"图层"控制面板中生成新的形状图层"形状 4"，如图 5-113 所示。

图 5-112   图 5-113

（16）选择"移动"工具 ⊕.，按 Alt+Ctrl+T 组合键，选中图形，在按住 Shift 键的同时，将图形拖曳到适当的位置，按 Enter 键确定操作，在"图层"控制面板中生成新的形状图层"形状 4 拷贝"。连续按 Alt+Shift+Ctrl+T 组合键，复制多个形状，如图 5-114 所示。

（17）选择"形状 4 拷贝"图层，在属性栏中将"填充"颜色设为蓝色（63、170、254），图像效果如图 5-115 所示。在按住 Shift 键的同时，单击"左侧 Banner"图层组，将需要的图层和图层组同时选取，按 Ctrl+G 组合键，编组图层并将其命名为"内容区 1"。

图 5-114 图 5-115

4. 制作内容区 2

（1）选择"视图"→"新建参考线"命令，弹出"新建参考线"对话框，在 212 像素的位置新建一条垂直参考线，设置如图 5-116 所示。用相同的方法，创建一条水平参考线，设置如图 5-117 所示。分别单击"确定"按钮，完成参考线的创建。

图 5-116 图 5-117

（2）选择"横排文字"工具 T.，在适当的位置分别输入需要的文字并分别选取文字，在"字符"面板中，将"颜色"设为深灰色（39、39、39），其他选项的设置分别如图 5-118 和图 5-119 所示，按 Enter 键确定操作，效果如图 5-120 所示，在"图层"控制面板中分别生成新的文字图层。

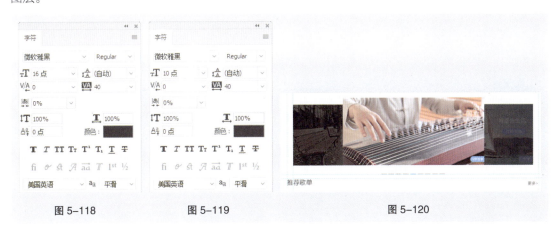

图 5-118 图 5-119 图 5-120

（3）选择"直线"工具 ∕.，在属性栏中将"填充"颜色设为无，"描边"颜色设为灰色（191、191、191），"粗细"选项设为 1 像素。在按住 Shift 键的同时，在距离上方文字 10 像素的位置绘制直线，如图 5-121 所示，在"图层"控制面板中生成新的形状图层"形状 6"。

（4）选择"视图"→"新建参考线"命令，弹出"新建参考线"对话框，设置如图 5-122 所示，单击"确定"按钮，完成参考线的创建。

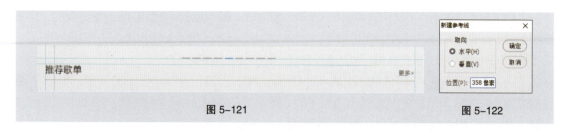

图 5-121   图 5-122

（5）使用上述的方法，创建另外两条参考线，设置分别如图 5-123 和图 5-124 所示，单击"确定"按钮，完成参考线的创建。

（6）选择"矩形"工具 ⬚，在属性栏中将"粗细"选项设为 1 像素，在图像窗口中适当的位置绘制矩形。在属性栏中将"填充"颜色设为无，"描边"颜色设为浅灰色（220、220、220），效果如图 5-125 所示，在"图层"控制面板中生成新的形状图层"矩形 5"。

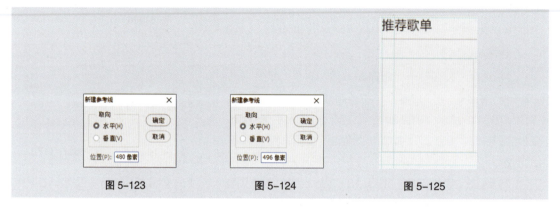

图 5-123   图 5-124   图 5-125

（7）选择"横排文字"工具 T.，在适当的位置输入需要的文字并选取文字，在"字符"面板中，将"颜色"设为深灰色（39、39、39），其他选项的设置如图 5-126 所示，按 Enter 键确定操作。用相同的方法输入蓝色（63、170、254）文字，其他选项的设置如图 5-127 所示，按 Enter 键确定操作，效果如图 5-128 所示。

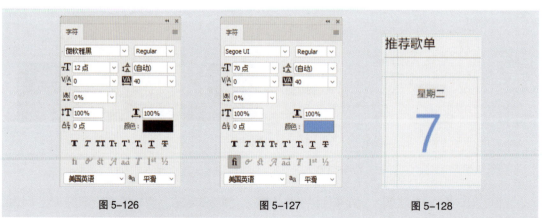

图 5-126   图 5-127   图 5-128

（8）在适当的位置再次输入需要的文字并选取文字，在"字符"面板中，将"颜色"设为深灰色（39、39、39），其他选项的设置如图 5-129 所示，按 Enter 键确定操作，效果如图 5-130 所示，在"图层"控制面板中生成新的文字图层。

（9）在按住 Shift 键的同时，单击"矩形 5"图层，将需要的图层同时选取，按 Ctrl+G 组合键，将图层编组并将其命名为"歌单 1"，如图 5-131 所示。

图 5-129　　　　　　　图 5-130　　　　　　　图 5-131

（10）选择"视图"→"新建参考线版面"命令，弹出"新建参考线版面"对话框，设置如图 5-132 所示。单击"确定"按钮，完成参考线的创建，效果如图 5-133 所示。

图 5-132　　　　　　　　　　　　　　　图 5-133

（11）选择"矩形"工具 □，在属性栏中将"填充"颜色设为浅灰色（241、241、241），"描边"颜色设为无。在图像窗口中适当的位置绘制矩形，如图 5-134 所示，在"图层"控制面板中生成新的形状图层"矩形 6"。

（12）选择"文件"→"置入嵌入对象"命令，弹出"置入嵌入的对象"对话框，选择云盘中的"Ch05"→"制作天籁音乐播放器软件"→"制作天籁音乐播放器软件首页"→"素材"→"06"文件，单击"置入"按钮，将图片置入图像窗口中，将其拖曳到适当的位置并调整大小，按 Enter 键确定操作，在"图层"控制面板中生成新的图层"06"。按 Alt+Ctrl+G 组合键，为"06"图层创建剪贴蒙版，图像效果如图 5-135 所示。

（13）在"02"图像窗口中，选择"移动"工具 ⊹.，选中"耳机"图层，将其拖曳到图像窗口中适当的位置并调整大小，效果如图 5-136 所示，在"图层"控制面板中生成新的形状图层"耳机"。

（14）选择"横排文字"工具 T.，在适当的位置输入需要的文字并选取文字，在"字符"面板中，将"颜色"设为白色，其他选项的设置如图 5-137 所示，按 Enter 键确定操作。再次输入文字，在

"字符"面板中，将"颜色"设为深灰色（39、39、39），其他选项的设置如图 5-138 所示，按 Enter 键确定操作，效果如图 5-139 所示。在"图层"控制面板中分别生成新的文字图层。在按住 Shift 键的同时，单击"矩形 8"图层，将需要的图层同时选取，按 Ctrl+G 组合键，将图层编组并将其命名为"歌单 2"。

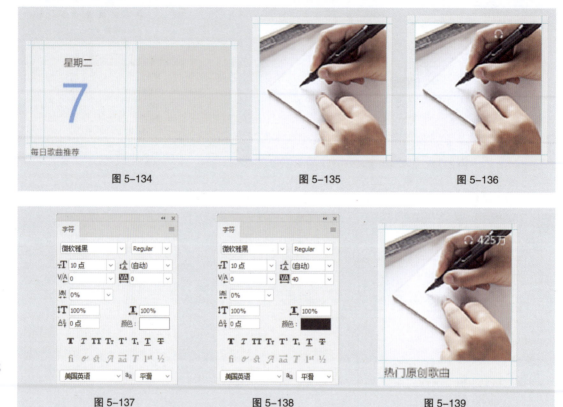

图 5-134　　　　　　　　　图 5-135　　　　　　　　　图 5-136

图 5-137　　　　　　　　　图 5-138　　　　　　　　　图 5-139

（15）用相同的方法分别制作"歌单 3""歌单 4"和"歌单 5"图层组，效果如图 5-140 所示。在按住 Shift 键的同时，单击"推荐歌单"图层，将需要的图层同时选取，按 Ctrl+G 组合键，将图层编组并将其命名为"内容区 2"，如图 5-141 所示。

图 5-140　　　　　　　　　　　　　　　　　　　图 5-141

5. 制作控制栏

（1）选择"矩形"工具，在属性栏中将"填充"颜色设为浅灰色（246、246、246），"描边"颜色设为无。在图像窗口中适当的位置绘制矩形，如图5-142所示，在"图层"控制面板中生成新的形状图层"矩形9"。

（2）单击"图层"控制面板下方的"添加图层样式"按钮 fx.，在弹出的菜单中选择"投影"命令，弹出对话框，设置阴影颜色为灰色（151、151、151），其他选项的设置如图5-143所示，单击"确定"按钮。

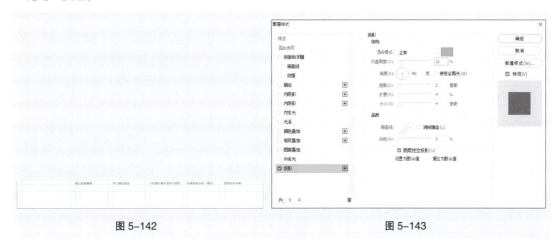

图 5-142　　　　　　　　　　　　　　　图 5-143

（3）在"02"图像窗口中，选择"移动"工具 ⊕.，选中"开始键"图层，将其拖曳到图像窗口中适当的位置并调整大小，效果如图5-144所示，在"图层"控制面板中生成新的形状图层"开始键"。

（4）选择"横排文字"工具 T.，在适当的位置分别输入需要的文字并选取文字，在"字符"面板中，将"颜色"设为深灰色（80、80、80），其他选项的设置如图5-145所示，按Enter键确定操作，效果如图5-146所示，在"图层"控制面板中分别生成新的文字图层。

图 5-144　　　　　　　图 5-145　　　　　　　　　　　图 5-146

（5）选择"椭圆"工具 ○.，在属性栏中将"填充"颜色设为蓝色（63、170、254），"描边"颜色设为无。在按住Shift键的同时，在图像窗口中适当的位置绘制圆形，如图5-147所示，在"图层"控制面板中生成新的形状图层"椭圆2"。在属性栏中将"粗细"选项设为1像素，在图像窗口中再次绘制一个圆形。在属性栏中将"填充"颜色设为无，"描边"颜色设为灰色（167、167、167），效果如图5-148所示，在"图层"控制面板中生成新的形状图层"椭圆3"。

（6）选择"直线"工具 ∠，在属性栏中将"粗细"选项设为 3 像素，在按住 Shift 键的同时，在图像窗口中适当的位置绘制直线。在属性栏中将"填充"颜色设为灰色（220、220、220），"描边"颜色设为无，如图 5-149 所示，在"图层"控制面板中生成新的形状图层"形状 7"。

（7）在"02"图像窗口中，选择"移动"工具 ✛，选中"音量"图层，将其拖曳到图像窗口中适当的位置并调整大小，效果如图 5-150 所示，在"图层"控制面板中生成新的形状图层"音量"。

图 5-149   图 5-150

（8）选择"直线"工具 ∠，在属性栏中将"填充"颜色设为无，"描边"颜色设为灰色（220、220、220），"粗细"选项设为 3 像素。在按住 Shift 键的同时，在图像窗口中适当的位置绘制直线，如图 5-151 所示，在"图层"控制面板中生成新的形状图层"形状 8"。按 Ctrl+J 组合键，复制图层，在"图层"控制面板中生成新的形状图层"形状 8 拷贝"。在属性栏中将"填充"颜色设为蓝色（63、170、254）。选择"直接选择"工具 ▶，选取需要的锚点，如图 5-152 所示，拖曳到适当的位置，效果如图 5-153 所示。

图 5-151   图 5-152   图 5-153

（9）在"02"图像窗口中，选择"移动"工具 ✛，选中"循环播放"图层，将其拖曳到图像窗口中适当的位置并调整大小，效果如图 5-154 所示，在"图层"控制面板中生成新的形状图层"循环播放"。用相同的方法分别将需要的图层拖曳到图像窗口中，并调整大小，效果如图 5-155 所示。

图 5-154   图 5-155

（10）选择"横排文字"工具 T，在适当的位置分别输入需要的文字并分别选取文字，在"字符"面板中，将"颜色"设为深灰色（80、80、80），其他选项的设置分别如图 5-156 和图 5-157 所示，按 Enter 键确定操作，效果如图 5-158 所示，在"图层"控制面板中分别生成新的文字图层。在按住 Shift 键的同时，单击"矩形 9"图层，将需要的图层同时选取，按 Ctrl+G 组合键，编组图层并将其命名为"控制栏"。

图 5-156　　　　　　　　图 5-157　　　　　　　　　　　　图 5-158

（11）按 Ctrl+S 组合键，弹出"存储为"对话框，将其命名为"工程文件"，保存为 .psd 格式，单击"保存"按钮，单击"确定"按钮，将文件保存。天籁音乐播放器软件首页制作完成。

5.4.2　课堂案例——制作天籁音乐播放器软件歌单页

【案例学习目标】学习使用形状工具、文字工具和创建剪贴蒙版命令制作天籁音乐播放器软件歌单页。

【案例知识要点】使用置入嵌入对象命令置入图片和图标，使用创建剪贴蒙版命令调整图片显示区域，使用横排文字工具添加文字，使用矩形工具绘制基本形状，效果如图 5-159 所示。

【效果所在位置】云盘 /Ch05/ 制作天籁音乐播放器软件 / 制作天籁音乐播放器软件歌单页 / 工程文件 .psd。

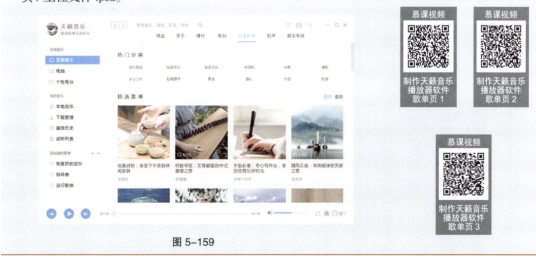

图 5-159

具体步骤如下。

1. 制作侧导航及导航栏

（1）按 Ctrl+N 组合键，弹出"新建文档"对话框，设置"宽度"为 900 像素，"高度"为 580 像素，"分辨率"为 72 像素 / 英寸，将"背景内容"设为灰色（241、241、241），如图 5-160 所示，单击"创建"按钮，完成文档新建。

（2）在"制作天籁音乐播放器软件首页"图像窗口中，选择"侧导航"图层组，在按住 Shift 键的同时，单击"导航栏"图层组，将需要的图层组同时选取。单击鼠标右键，在弹出的菜单中选择"复制图层"命令，在弹出的对话框中进行设置，如图 5-161 所示，单击"确定"按钮。

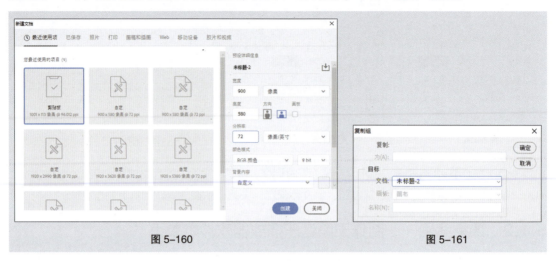

图 5-160   图 5-161

（3）打开"导航栏"图层组，选中"精选 歌手 …"图层，选择"横排文字"工具 T，选中文字"精选"，在"字符"面板中，将"颜色"设为深灰色（39、39、39）。用相同的方法选中文字"分类歌单"，在"字符"面板中，将"颜色"设为蓝色（63、170、254），效果如图 5-162 所示。

（4）选择"形状 2"图层，选择"移动"工具，在按住 Shift 键的同时，将"形状 2"图层拖曳到图像窗口中适当的位置。选择"直接选择"工具，选取需要的锚点，如图 5-163 所示，将其拖曳到适当的位置，效果如图 5-164 所示。

图 5-162   图 5-163   图 5-164

2. 制作内容区

（1）选择"视图"→"新建参考线版面"命令，弹出"新建参考线版面"对话框，设置如图 5-165 所示。单击"确定"按钮，完成参考线的创建，效果如图 5-166 所示。

图 5-165   图 5-166

（2）选择"横排文字"工具 T.，在距离上方图形 28 像素的位置输入需要的文字并选取文字，在"字符"面板中，将"颜色"设为深灰色（39、39、39），其他选项的设置如图 5-167 所示，按 Enter 键确定操作，效果如图 5-168 所示，在"图层"控制面板中生成新的文字图层。

图 5-167　　　　　　　　　　　　　　　图 5-168

（3）选择"矩形"工具 □.，在属性栏中的"选择工具模式"选项中选择"形状"，将"填充"颜色设为白色，"描边"颜色设为无。在图像窗口中适当的位置绘制矩形，如图 5-169 所示，在"图层"控制面板中生成新的形状图层"矩形 1"。

（4）选择"横排文字"工具 T.，在适当的位置输入需要的文字并选取文字，在"字符"面板中，将"颜色"设为深灰色（39、39、39），其他选项的设置如图 5-170 所示，按 Enter 键确定操作，效果如图 5-171 所示，在"图层"控制面板中生成新的文字图层。

图 5-169　　　　　　　　　　图 5-170　　　　　　　　　　图 5-171

（5）用相同的方法制作其他分类，效果如图 5-172 所示。在按住 Shift 键的同时，单击"矩形 3"图层，将需要的图层同时选取，按 Ctrl+G 组合键，将图层编组并将其命名为"标签"，如图 5-173 所示。

（6）选择"圆角矩形"工具 □.，在属性栏中将"填充"颜色设为浅灰色（215、215、215），"描边"颜色设为无，"半径"选项设为 10 像素，在图像窗口中适当的位置绘制圆角矩形，如图 5-174 所示，在"图层"控制面板中生成新的形状图层并将其命名为"滚动条"。

（7）选择"横排文字"工具 T.，在距离上方图形 30 像素的位置输入需要的文字并选取文字，在"字符"面板中，将"颜色"设为深灰色（39、39、39），其他选项的设置如图 5-175 所示，按

Enter 键确定操作，效果如图 5-176 所示，在"图层"控制面板中生成新的文字图层。

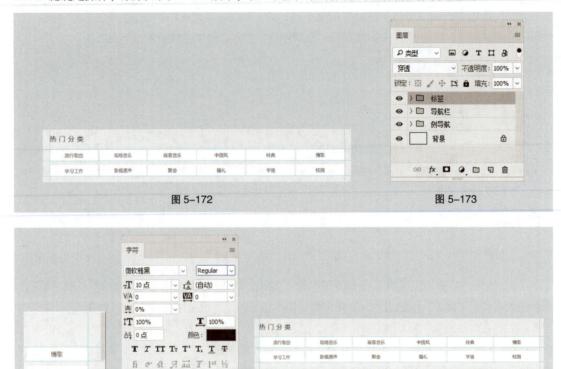

图 5-172   图 5-173

图 5-174   图 5-175   图 5-176

214

（8）再次在适当的位置输入需要的文字并选取文字，在"字符"面板中将"颜色"设为深灰色（39、39、39），其他选项的设置如图 5-177 所示，按 Enter 键确定操作，在"图层"控制面板中生成新的文字图层。选取需要的文字，在"字符"面板中将"颜色"设为蓝色（63、170、254），其他选项的设置如图 5-178 所示，按 Enter 键确定操作，效果如图 5-179 所示。

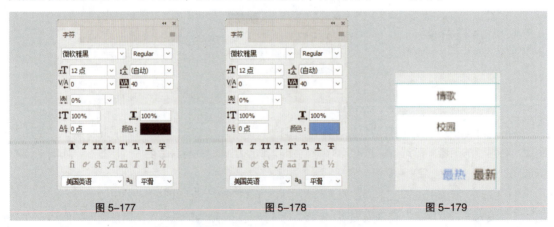

图 5-177   图 5-178   图 5-179

（9）选择"视图"→"新建参考线版面"命令，弹出"新建参考线版面"对话框，设置如图 5-180 所示。单击"确定"按钮，完成参考线的创建。

（10）选择"视图"→"新建参考线"命令，弹出"新建参考线"对话框，在 250 像素的位置新建一条水平参考线，设置如图5-181所示，单击"确定"按钮，完成参考线的创建。用相同的方法，创建另外两条参考线，设置分别如图5-182和图5-183所示，单击"确定"按钮，完成参考线的创建。

| 图 5-180 | 图 5-181 | 图 5-182 | 图 5-183 |

（11）选择"矩形"工具 □，在属性栏中将"填充"颜色设为浅灰色（220、220、220），"描边"颜色设为无。在图像窗口中适当的位置绘制矩形，如图5-184所示，在"图层"控制面板中生成新的形状图层"矩形4"。

（12）选择"文件"→"置入嵌入对象"命令，弹出"置入嵌入的对象"对话框，选择云盘中的"Ch05"→"制作天籁音乐播放器软件"→"制作天籁音乐播放器软件歌单页"→"素材"→"02"文件，单击"置入"按钮，将图片置入图像窗口中，将其拖曳到适当的位置并调整大小，按 Enter 键确定操作，在"图层"控制面板中生成新的图层"02"。按 Alt+Ctrl+G 组合键，为"02"图层创建剪贴蒙版，效果如图5-185所示。

（13）按 Ctrl + O 组合键，打开云盘中的"Ch05"→"制作天籁音乐播放器软件"→"制作天籁音乐播放器软件歌单页"→"素材"→"01"文件，选择"移动"工具 ↔，将"耳机"图形拖曳到图像窗口中适当的位置并调整大小，效果如图5-186所示，按 Enter 键确定操作，在"图层"控制面板中生成新的形状图层"耳机"。

（14）选择"横排文字"工具 T，在适当的位置输入需要的文字并选取文字，在"字符"面板中，将"颜色"设为白色，其他选项的设置如图5-187所示，按 Enter 键确定操作，效果如图5-188所示，在"图层"控制面板中生成新的文字图层。

| 图 5-184 | 图 5-185 | 图 5-186 | 图 5-187 | 图 5-188 |

（15）在适当的位置输入需要的文字并选取文字，在"字符"面板中，将"颜色"设为深灰色（39、39、39），其他选项的设置如图 5-189 所示，在按 Enter 键确定操作，效果如图 5-190 所示，在"图层"控制面板中生成新的文字图层。

（16）再次在适当的位置输入需要的文字并选取文字，在"字符"面板中，将"颜色"设为浅灰色（127、127、127），其他选项的设置如图 5-191 所示，按 Enter 键确定操作，效果如图 5-192 所示，在"图层"控制面板中生成新的文字图层。在按住 Shift 键的同时，单击"矩形 4"图层，将需要的图层同时选取，按 Ctrl+G 组合键，编组图层并将其命名为"歌单 1"。

图 5-189　　　　图 5-190　　　　图 5-191　　　　图 5-192

（17）用相同的方法分别制作其他图层组。在按住 Shift 键的同时，单击"标签"图层组，将需要的图层组同时选取，按 Ctrl+G 组合键，将图层组编组并将其命名为"内容区"，如图 5-193 所示，效果如图 5-194 所示。

图 5-193　　　　　　　　　　　图 5-194

3. 制作控制栏

（1）在"制作天籁音乐播放器软件首页"图像窗口中，选择"控制栏"图层组。单击鼠标右键，在弹出的菜单中选择"复制图层"命令，在弹出的对话框中进行设置，如图 5-195 所示，单击"确定"按钮，效果如图 5-196 所示。

（2）按 Ctrl+S 组合键，弹出"存储为"对话框，将其命名为"工程文件"，保存为 .psd 格式，单击"保存"按钮，单击"确定"按钮，将文件保存。天籁音乐播放器软件歌单页制作完成。

| 图 5-195 | 图 5-196 |

5.4.3 课堂案例——制作天籁音乐播放器软件歌曲列表页

【案例学习目标】学习使用形状工具、文字工具和创建剪贴蒙版命令制作天籁音乐播放器软件歌曲列表页。

【案例知识要点】使用置入嵌入对象命令置入图片和图标，使用创建剪贴蒙版命令调整图片显示区域，使用横排文字工具添加文字，使用矩形工具、椭圆工具和直线工具绘制基本形状，最终效果如图 5-197 所示。

【效果所在位置】云盘 /Ch05 / 制作天籁音乐播放器软件 / 制作天籁音乐播放器软件歌曲列表页 / 工程文件 .psd。

图 5-197

具体步骤如下。

1. 制作侧导航及导航栏

（1）按 Ctrl+N 组合键，弹出"新建文档"对话框，设置"宽度"为 900 像素，"高度"为 580 像素，"分辨率"为 72 像素 / 英寸，将"背景内容"设为灰色（241、241、241），如图 5-198 所示，单击"创建"按钮，完成文档新建。

（2）在"制作天籁音乐播放器软件歌单页"图像窗口中，选择"侧导航"图层组，在按住Shift键的同时，单击"导航栏"图层组，将需要的图层组同时选取。单击鼠标右键，在弹出的菜单中选择"复制图层"命令，在弹出的对话框中进行设置，如图5-199所示，单击"确定"按钮。

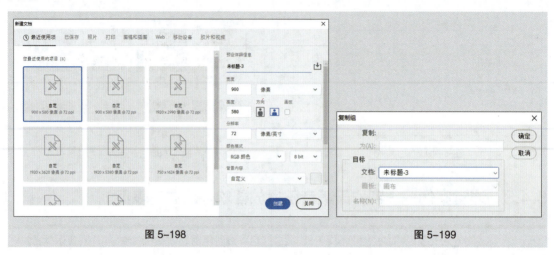

图 5-198 　　　　　　　　　　　　　　　图 5-199

（3）选择"视图"→"新建参考线"命令，弹出"新建参考线"对话框，在50像素的位置新建一条水平参考线，设置如图5-200所示，单击"确定"按钮，完成参考线的创建，效果如图5-201所示。

图 5-200 　　　　　　　　　　　　　　　图 5-201

（4）打开"导航栏"图层组，删除"形状2"和"精选 歌手…"图层，并选择"矩形2"图层。按Ctrl+T组合键，在图形周围生成变换框，向内拖曳下方中间的控制手柄到适当的位置，调整其大小，按Enter键确认操作。

（5）单击"图层"控制面板下方的"添加图层样式"按钮 *fx.*，在弹出的菜单中选择"投影"命令，在弹出的对话框中设置投影颜色为灰色（153、151、151），其他选项的设置如图5-202所示，单击"确定"按钮，效果如图5-203所示。

图 5-202   图 5-203

2. 制作内容区

（1）选择"视图"→"新建参考线版面"命令，弹出"新建参考线版面"对话框，设置如图 5-204 所示。单击"确定"按钮，完成参考线的创建，效果如图 5-205 所示。

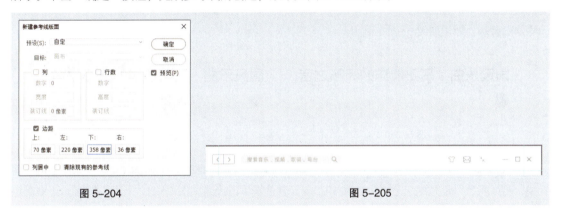

图 5-204   图 5-205

（2）选择"矩形"工具 □.，在属性栏中的"选择工具模式"选项中选择"形状"，将"填充"颜色设为浅灰色（220、220、220），"描边"颜色设为无。在图像窗口中适当的位置绘制矩形，如图 5-206 所示，在"图层"控制面板中生成新的形状图层"矩形 1"。

（3）选择"文件"→"置入嵌入对象"命令，弹出"置入嵌入的对象"对话框，选择云盘中的"Ch05"→"制作天籁音乐播放器软件"→"制作天籁音乐播放器软件歌曲列表页"→"素材"→"02"文件，单击"置入"按钮，将图片置入图像窗口中，将其拖曳到适当的位置并调整大小，按 Enter 键确定操作，在"图层"控制面板中生成新的图层"02"。按 Alt+Ctrl+G 组合键，为"02"图层创建剪贴蒙版，效果如图 5-207 所示。

（4）选择"横排文字"工具 T.，在适当的位置输入需要的文字并选取文字。选择"窗口"→"字符"命令，弹出"字符"面板，将"颜色"设为深灰色（16、16、16），其他选项的设置如图 5-208 所示，按 Enter 键确定操作，效果如图 5-209 所示，在"图层"控制面板中生成新的文字图层。

（5）选择"椭圆"工具 ○.，在属性栏中将"填充"颜色设为深灰色（62、62、62），"描边"颜色设为无。在按住 Shift 键的同时，在距离上方图形 14 像素的位置绘制圆形，如图 5-210 所示，在"图层"控制面板中生成新的形状图层"椭圆 1"。

图 5-206　　　　图 5-207　　　　　图 5-208　　　　　　　　　图 5-209

　　（6）选择"文件"→"置入嵌入对象"命令，弹出"置入嵌入的对象"对话框，选择云盘中的"Ch05"→"制作天籁音乐播放器软件"→"制作天籁音乐播放器软件歌曲列表页"→"素材"→"03"文件，单击"置入"按钮，将图片置入图像窗口中，将其拖曳到适当的位置并调整大小，按 Enter键确定操作，在"图层"控制面板中生成新的图层"03"。按 Alt+Ctrl+G 组合键，为"03"图层创建剪贴蒙版，效果如图 5-211 所示。

图 5-210　　　　　　　　　　　　　　　　图 5-211

220

　　（7）选择"横排文字"工具 **T.**，在适当的位置分别输入需要的文字并选取文字，在"字符"面板中，将"颜色"设为深灰色（60、60、60），其他选项的设置如图 5-212 所示，按 Enter 键确定操作，效果如图 5-213 所示，在"图层"控制面板中分别生成新的文字图层。

图 5-212　　　　　　　　　　　　　　图 5-213

　　（8）在距离上方图形 14 像素的位置输入需要的文字并选取文字，在"字符"面板中，将"颜色"设为浅灰色（127、127、127），其他选项的设置如图 5-214 所示，按 Enter 键确定操作。再次在适当的位置输入需要的文字并选取文字，在"字符"面板中，将"颜色"设为浅灰色（62、62、62），其他选项的设置如图 5-215 所示，按 Enter 键确定操作，效果如图 5-216 所示。在"图层"

控制面板中分别生成新的文字图层。

图 5-214   图 5-215   图 5-216

（9）选择"圆角矩形"工具 ⬜，在属性栏中将"填充"颜色设为蓝色（148、148、148），"描边"颜色设为无，"半径"选项设为 2 像素。在距离上方文字 22 像素的位置绘制圆角矩形，如图 5-217 所示，在"图层"控制面板中生成新的形状图层"圆角矩形 1"。

（10）按 Ctrl + O 组合键，打开云盘中的"Ch05"→"制作天籁音乐播放器软件"→"制作天籁音乐播放器软件歌曲列表页"→"素材"→"01"文件，选择"移动"工具 ✛，将"播放"图形拖曳到图像窗口中适当的位置并调整大小，效果如图 5-218 所示，在"图层"控制面板中生成新的形状图层"播放"。

（11）选择"横排文字"工具 T.，在适当的位置输入需要的文字并选取文字，在"字符"面板中，将"颜色"设为白色，其他选项的设置如图 5-219 所示，按 Enter 键确定操作，效果如图 5-220 所示，在"图层"控制面板中生成新的文字图层。

图 5-217   图 5-218   图 5-219   图 5-220

（12）在按住 Shift 键的同时，单击"圆角矩形 4"图层，将需要的图层同时选取，按 Ctrl+G 组合键，将图层编组并将其命名为"播放全部"，如图 5-221 所示。

（13）用相同的方法制作其他图层组，如图 5-222 所示。分别选中其他图层组中的圆角矩形图层，将"颜色"设为白色。分别选中其他图层组中的文字图层，将"颜色"设为深灰色（60、60、60），效果如图 5-223 所示。在按住 Shift 键的同时，单击"矩形 3"图层，将需要的图层和图层组同时选取，按 Ctrl+G 组合键，编组图层并将其命名为"标题栏"。

图 5-221   图 5-222   图 5-223

（14）选择"矩形"工具 □，在属性栏中将"填充"颜色设为白色，"描边"颜色设为无。在图像窗口中适当的位置绘制矩形，如图 5-224 所示，在"图层"控制面板中生成新的形状图层"矩形 4"。

（15）选择"圆角矩形"工具 □，在属性栏中将"半径"选项设为 10 像素，在图像窗口中适当的位置绘制圆角矩形。在属性栏中将"填充"颜色设为浅灰色（215、215、215），"描边"颜色设为无，效果如图 5-225 所示，在"图层"控制面板中生成新的形状图层并将其命名为"滚动条"。

图 5-224   图 5-225

（16）选择"横排文字"工具 T，在距离上方参考线 14 像素的位置输入需要的文字并选取文字，在"字符"面板中，将"颜色"设为深灰色（39、39、39），其他选项的设置如图 5-226 所示，按 Enter 键确定操作。选取需要的文字，在"字符"面板中将"颜色"设为蓝色（63、170、254），如图 5-227 所示，效果如图 5-228 所示，在"图层"控制面板中生成新的文字图层。

（17）选择"直线"工具 ⁄，在属性栏中将"填充"颜色设为无，"描边"颜色设为灰色（242、242、242），"粗细"选项设为 1 像素。在按住 Shift 键的同时，在图像窗口中适当的位置绘制直线，如图 5-229 所示，在"图层"控制面板中生成新的形状图层"形状 1"。

（18）选择"移动"工具 ⊕，按 Alt+Ctrl+T 组合键，在图形周围出现变换框，在按住 Shift 键的同时，垂直向下拖曳图形到适当的位置，复制图形，在"图层"控制面板中生成新的形状图层"形状 2 拷贝"，按 Enter 键确定操作。连续按 Alt+ Shift+Ctrl+T 组合键，按需要再复制多个图形，效果如图 5-230 所示。

图 5-226   图 5-227   图 5-228

歌曲31   评论15

图 5-229

（19）选择"直线"工具 ∕.，在属性栏中将"粗细"选项设为 1 像素，在按住 Shift 键的同时，在图像窗口中适当的位置绘制直线。在属性栏中将"填充"颜色设为无，"描边"颜色设为蓝色（63、170、254），效果如图 5-231 所示，在"图层"控制面板中生成新的形状图层"形状 3"。

图 5-230   图 5-231

（20）选择"横排文字"工具 T.，在距离上方形状 14 像素的位置输入需要的文字并选取文字。在"字符"面板中，将"颜色"设为浅灰色（113、113、113），其他选项的设置如图 5-232 所示，按 Enter 键确定操作，效果如图 5-233 所示，在"图层"控制面板中生成新的文字图层。

（21）选择"横排文字"工具 T.，在图像窗口中适当的位置拖曳文本框，输入需要的文字并选取文字。在"字符"面板中，将"颜色"设为深灰色（39、39、39），其他选项的设置如图 5-234 所示，按 Enter 键确定操作，效果如图 5-235 所示，在"图层"控制面板中生成新的文字图层。用相同的方法输入其他文字，效果如图 5-236 所示。

（22）在"02"图像窗口中，选择"移动"工具 ÷.，在按住 Ctrl 键的同时，分别选中需要的图层，将其拖曳到图像窗口中适当的位置并调整大小，效果如图 5-237 所示，在"图层"控制面板中分别生成新的形状图层。将这些形状图层同时选取，按 Ctrl+G 组合键，将图层编组并将其命名为"小图标"。在按住 Shift 键的同时，单击"标题栏"图层组，将需要的图层和图层组同时选取，按 Ctrl+G 组合键，将图层组编组并将其命名为"内容区"，如图 5-238 所示。

图 5-232　　　　　　　　　　图 5-233

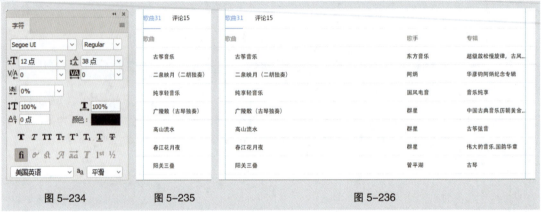

图 5-234　　　　图 5-235　　　　　　　图 5-236

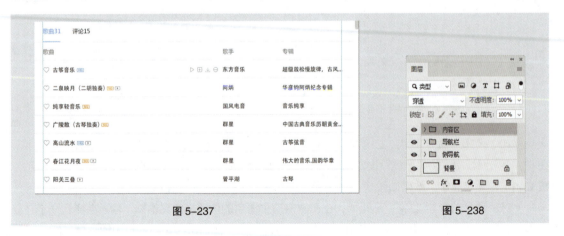

图 5-237　　　　　　　　　　　图 5-238

3. 制作控制栏

（1）在"制作天籁音乐播放器软件歌单页"图像窗口中，选择"控制栏"图层组。单击鼠标右键，在弹出的菜单中选择"复制图层"命令，在弹出的对话框中进行设置，如图 5-239 所示，单击"确定"按钮，效果如图 5-240 所示。

（2）按 Ctrl+S 组合键，弹出"存储为"对话框，将其命名为"工程文件"，保存为 .psd 格式，单击"保存"按钮，单击"确定"按钮，将文件保存。天籁音乐播放器软件歌曲列表页制作完成。

图 5-239   图 5-240

5.5 课堂练习——制作不凡音乐播放器软件界面

【案例学习目标】学习使用形状工具、文字工具和创建剪贴蒙版命令制作不凡音乐播放器软件界面。

【案例知识要点】使用置入嵌入对象命令置入图片和图标，使用创建剪贴蒙版命令调整图片显示区域，使用横排文字工具添加文字，使用矩形工具、圆角矩形工具、椭圆工具和直线工具绘制基本形状，最终效果如图 5-241 所示。

【效果所在位置】云盘 /Ch05 / 制作不凡音乐播放器软件界面。

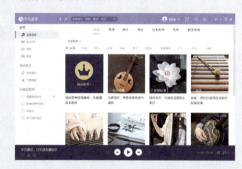

慕课视频

慕课视频

慕课视频

慕课视频

制作不凡音乐播放器软件首页 1

制作不凡音乐播放器软件首页 2

制作不凡音乐播放器软件列表页

制作不凡音乐播放器软件歌单页

图 5-241

【案例学习目标】学习使用形状工具、文字工具和创建剪贴蒙版命令制作酷听音乐播放器软件界面。

【案例知识要点】使用置入嵌入对象命令置入图片和图标，使用创建剪贴蒙版命令调整图片显示区域，使用横排文字工具添加文字，使用矩形工具、圆角矩形工具、椭圆工具和直线工具绘制基本形状，最终效果如图 5-242 所示。

【效果所在位置】云盘 /Ch05/ 制作酷听音乐播放器软件界面。

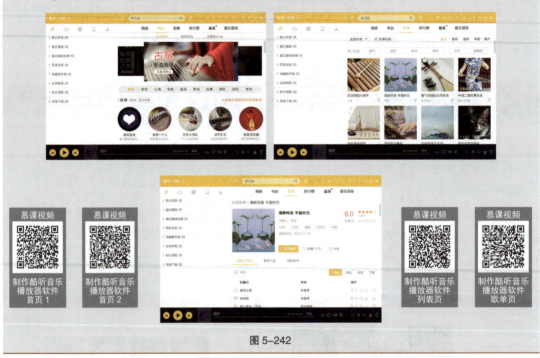

慕课视频
制作酷听音乐
播放器软件
首页 1

慕课视频
制作酷听音乐
播放器软件
首页 2

慕课视频
制作酷听音乐
播放器软件
列表页

慕课视频
制作酷听音乐
播放器软件
歌单页

图 5-242

第6章
游戏界面设计

06

▶ **本章介绍**

　　游戏界面设计泛指对游戏的操作界面进行美化设计。本章针对游戏界面设计的基础知识、游戏界面的设计规范、游戏常用的界面类型以及游戏界面的绘制方法进行系统讲解与演练。通过本章的学习，读者可以对游戏界面设计有一个基本的认识，并快速掌握绘制游戏常用界面的规范和方法。

学习目标

知识目标

1. 熟悉游戏界面设计的基础知识

2. 掌握游戏界面的设计规范

3. 明确游戏常用的界面类型

能力目标

1. 明确游戏界面的设计思路

2. 掌握商城界面的绘制方法

3. 掌握操作界面的绘制方法

4. 掌握胜利界面的绘制方法

素质目标

1. 培养良好的游戏界面设计习惯

2. 培养对游戏界面的审美鉴赏能力

3. 培养有关游戏界面设计的创意能力

慕课视频

游戏界面设计

6.1 游戏界面设计的基础知识

游戏界面设计的基础知识包括游戏界面设计的概念、游戏界面设计的流程以及游戏界面设计的原则。

6.1.1 游戏界面设计的概念

游戏界面，又指游戏软件的用户界面，是界面设计的一个分支，用来专门设计游戏画面内容。游戏界面设计将必要的信息合理地设计在界面上，引导用户进行交互操作，游戏界面是用户与游戏进行沟通的桥梁，如图 6-1 所示。

图 6-1

6.1.2 游戏界面设计的流程

游戏界面设计的流程包括分析调研、交互设计、交互自查、视觉设计、设计跟进、测试验证等环节，如图 6-2 所示。

图 6-2

1. 分析调研

游戏界面设计是根据用户的需求、游戏的定位以及类型而进行的。对于不同定位和类型的游戏，其设计风格也会有区别，如图 6-3 所示。因此，游戏界面设计前应先分析需求，了解游戏受众，最后通过同类型的游戏竞品的调研，明确设计方向。

2. 交互设计

交互设计是对整个游戏界面设计进行初步构思和制定的环节。一般需要进行架构设计、流程图设计、低保真原型设计、线框图设计等具体设计工作，游戏界面草图如图 6-4 所示。

3. 交互自查

交互设计完成之后，进行交互自查，这是整个游戏界面设计流程中非常重要的一个环节，可以在执行视觉设计之前检查出是否有遗漏、缺失等细节问题，具体可以参考 App 界面设计流程中的交互自查。

图 6-3

4. 视觉设计

原型图审查通过后，就可以进入视觉设计环节，这个环节的设计图即产品最终呈现给用户的界面。视觉设计要求设计规范，图片、内容真实，如图 6-5 所示。

5. 设计跟进

设计跟进是需要设计人员和开发人员共同参与的，主要保证设计细节的效果实现。如图 6-6 所示，该游戏的胜利界面加入了光束、圆点等细节，需要设计跟进，以保证细节的效果实现。

图 6-4　　　　　　　　　图 6-5　　　　　　　　　图 6-6

6. 测试验证

测试验证是最后一个环节，是游戏优化的重要支撑。游戏正式上线后，设计人员通过用户的数据反馈进行记录，验证前期的设计，并继续优化，如图 6-7 所示。

图 6-7

6.1.3　游戏界面设计的原则

游戏界面设计的原则可以分为设计简洁、风格统一、视觉清晰、符合用户思维、符合用户习惯、操作自由六大原则。

1. 设计简洁

游戏界面设计要简洁美观，能够令游戏用户顺畅使用，减少错误点击，可以进行良好的游戏交互，如图 6-8 所示。

图 6-8

2. 风格统一

游戏界面的风格要符合游戏的主题，并且风格统一。制作一套风格统一的游戏界面非常考验设计师的把控能力与设计技巧，设计师需要合理运用按钮、图标以及色彩等各种元素，如图 6-9 所示。

3. 视觉清晰

视觉清晰有利于游戏质量的提升，强化游戏用户对于游戏的认可。由于移动设备屏幕的特殊性，为了实现较高的清晰度，游戏 UI 设计师需要制作不同的界面资源。如图 6-10 所示，竞速游戏中对于汽车的设计质量往往要求较高，因此需要游戏 UI 设计师提供不同尺寸的界面资源，以保证高清晰度。

4. 符合用户思维

游戏界面设计应该符合用户的思维，满足大部分用户的想法。游戏的受众不同，用户对于界面的设计认知也不同，游戏界面设计需要从元素造型、界面颜色、整体布局等方面都合理呈现，符合用户思维，如图 6-11 所示。

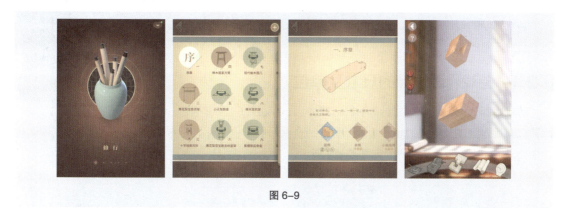

图 6-9

图 6-10

图 6-11

5. 符合用户习惯

游戏界面的操作一定要符合用户的认知与习惯，需要和用户的现实世界进行匹配。另外，用户的年龄及生活方式不同，也会导致较大的习惯差异，因此游戏 UI 设计师要想设计出符合用户习惯的界面，首先要明确目标用户的定位。如图 6-12 所示，棋牌类游戏的用户年龄普遍较大，而且游戏大多为中国传统游戏，因此设计风格比较简单、传统。

6. 操作自由

游戏的互动方式应保持高度的操作自由，其操作工具不仅可以是鼠标、键盘，还可以是手柄、体感游戏设备等，能让用户充分沉浸在游戏体验中，如图 6-13 所示。

图 6-12   图 6-13

6.2 游戏界面的设计规范

游戏界面的设计规范可以通过尺寸及单位、界面结构、类型和布局、文字、图标 5
个方面进行剖析。

6.2.1 游戏界面设计的尺寸及单位

游戏界面根据设备分类主要有手机游戏界面、平板电脑游戏界面、网页游戏界面、
计算机游戏界面以及电视游戏界面等类型。结合项目需求，参考前面的 App、网页及软件的界面设
计相关内容即可，手机游戏界面如图 6-14 所示。

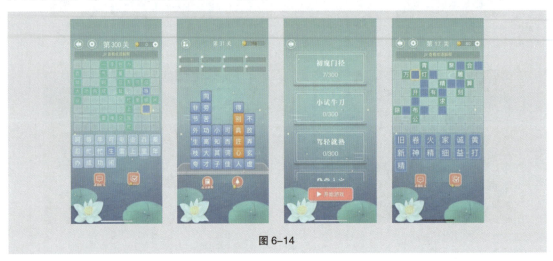

图 6-14

6.2.2 游戏界面设计的界面结构

游戏界面设计的界面结构可以依据用户对界面注意力的不同来进行划分，通常分为主要视觉区
域、次要视觉区域以及弱视区域等，如图 6-15 所示。

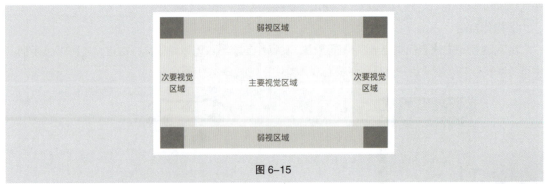

图 6-15

6.2.3 游戏界面设计的类型和布局

游戏界面设计的类型有启动界面、主菜单界面、关卡界面、操作界面、胜利
界面以及商店界面 6 种。游戏界面的布局可以根据不同的类型来设计。

1. 启动界面

启动界面是游戏给用户的第一印象，是游戏的"门面"，其常用布局如图 6-16 所示。游戏启动界面需要合理地设计游戏风格、游戏场景及游戏功能键等，只有设计出精美的启动界面，才能够迅速吸引用户，如图 6-17 所示。

图 6-16

图 6-17

2. 主菜单界面

游戏中的主菜单界面主要包括游戏的设置、可选择的操作以及相关帮助等，其常用布局如图 6-18 所示。游戏主菜单界面如图 6-19 所示。这类界面突出了各元素间的分布关系，让游戏用户可以更好地接收游戏的信息，无障碍地了解游戏。

图 6-18

图 6-19

3. 关卡界面

关卡界面是让用户进入游戏操作的界面。关卡界面主要对一系列相同的元素进行有秩序的排版布局，其常用布局如图 6-20 所示。游戏关卡界面如图 6-21 所示。关卡在游戏中起到了承上启下的作用，能让用户清楚了解自身进行游戏的进度及程度。

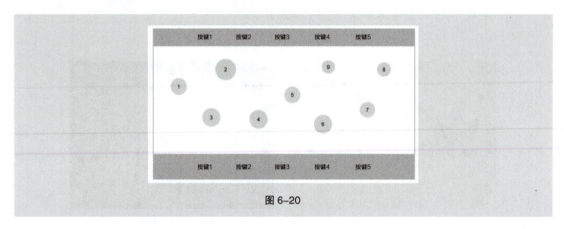

图 6-20

图 6-21

4. 操作界面

操作界面是用户真正进行游戏的界面，主要包括角色控制、时间提醒、血量提示等内容，其常用布局如图 6-22 所示。游戏操作界面如图 6-23 所示。生动的操作界面能够符合用户的心理预期，给用户带来良好的沉浸式体验。

5. 胜利界面

胜利界面即用户通关后的胜利信息显示界面，其常用布局如图 6-24 所示。胜利界面可对用户起到鼓舞的作用，并伴随奖励，令用户产生喜悦感，如图 6-25 所示。

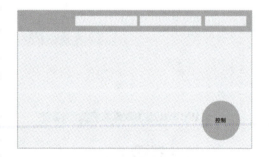

图 6-22

6. 商店界面

商店界面是贩卖虚拟产品服务的界面，也是游戏盈利的界面，其常用布局如图 6-26 所示。游戏商品界面如图 6-27 所示。游戏用户可以通过购买商店界面中的物品，提升自身游戏角色的战斗力。

图 6-23

图 6-24

图 6-25

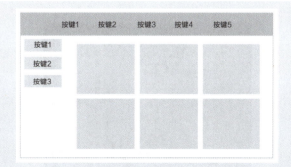

图 6-26

图 6-27

6.2.4　游戏界面设计的文字

　　游戏界面中，对于正文阅读类文字，建议根据不同的平台选择对应的系统字体，对于标题展示类文字，需要根据游戏的风格进行对应的设计，如图 6-28 所示。

图 6-28

　　字号在 PC 端的网页中要大于 14px，在移动设备中要大于 20px。

6.2.5　游戏界面设计的图标

　　结合项目需求，参考图标设计规范的相关内容，游戏图标设计效果如图 6-29 所示。

图 6-29

6.3 课堂案例——制作果蔬消消消游戏界面

【案例学习目标】学习如何置入图片和图标，并使用移动工具移动、调整图片。

【案例知识要点】使用新建参考线命令新建参考线，使用置入嵌入对象命令导入图片和图标，并调整其大小和位置，使用描边命令给素材或文字添加边框，使用内阴影命令给图形添加阴影，效果如图 6-30 所示。

【效果所在位置】云盘 /Ch06/ 制作果蔬消消消游戏。

图 6-30

慕课视频

制作果蔬消消
消游戏 1

慕课视频

制作果蔬消消
消游戏 2

慕课视频

制作果蔬消消
消游戏 3

第 6 章 游戏界面设计

237

具体步骤如下。

1. 制作果蔬消消消游戏商城界面

（1）按 Ctrl+N 组合键，弹出"新建文档"对话框，设置"宽度"为 750 像素，"高度"为 1624 像素，"分辨率"为 72 像素 / 英寸，"背景内容"为白色，如图 6-31 所示，单击"创建"按钮，完成文档新建。

（2）选择"视图"→"新建参考线"命令，弹出"新建参考线"对话框，在 88 像素的位置新建一条水平参考线，设置如图 6-32 所示，单击"确定"按钮，完成参考线的创建，效果如图 6-33 所示。

图 6-31   图 6-32   图 6-33

（3）选择"视图"→"新建参考线"命令，弹出"新建参考线"对话框，在32像素的位置新建一条垂直参考线，设置如图6-34所示。单击"确定"按钮，完成参考线的创建，效果如图6-35所示。用相同的方法，在718像素（距离右边缘32像素）的位置新建一条垂直参考线，如图6-36所示。

（4）选择"文件"→"置入嵌入对象"命令，弹出"置入嵌入的对象"对话框，选择云盘中的"Ch06"→"制作果蔬消消消游戏"→"制作果蔬消消消游戏商城界面"→"素材"→"01"文件。单击"置入"按钮，将图片置入图像窗口中，并调整其位置和大小，按Enter键确定操作，效果如图6-37所示，在"图层"控制面板中生成新的图层并将其命名为"背景图"。

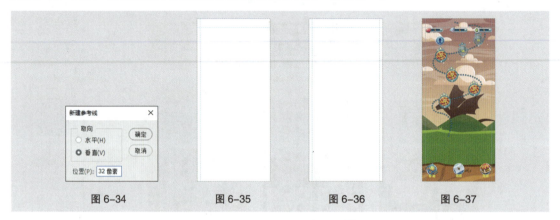

图 6-34　　　　　　图 6-35　　　　　　图 6-36　　　　　　图 6-37

（5）单击"图层"控制面板下方的"添加图层样式"按钮 fx，在弹出的菜单中选择"颜色叠加"命令，弹出对话框，将叠加颜色设为黑色，其他选项的设置如图6-38所示。单击"确定"按钮，效果如图6-39所示。

（6）选择"文件"→"置入嵌入对象"命令，弹出"置入嵌入的对象"对话框，选择云盘中的"Ch06"→"制作果蔬消消消游戏"→"制作果蔬消消消游戏商城界面"→"素材"→"04"文件。单击"置入"按钮，将图片置入图像窗口中，并调整其位置和大小，按 Enter 键确定操作，效果如图6-40所示，在"图层"控制面板中生成新的图层并将其命名为"商城底框"。使用相同的方法置入云盘中的"Ch06"→"制作果蔬消消消游戏"→"制作果蔬消消消游戏商城界面"→"素材"→"02"文件，效果如图6-41所示，在"图层"控制面板中生成新的图层并将其命名为"商店"。

图 6-38　　　　　　　　图 6-39　　　　　　图 6-40　　　　　　图 6-41

（7）单击"图层"控制面板下方的"添加图层样式"按钮 _fx._，在弹出的菜单中选择"描边"命令，弹出对话框，将描边颜色设为橙黄色（248、165、68），其他选项的设置如图 6-42 所示，单击"确定"按钮，效果如图 6-43 所示。

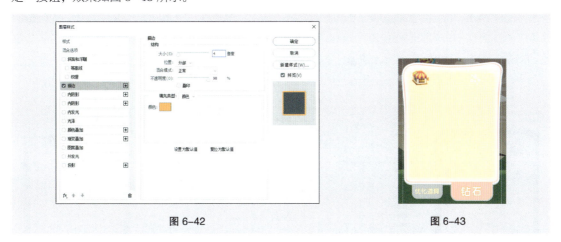

图 6-42 图 6-43

（8）选择"横排文字"工具 _T._，在适当的位置输入需要的文字并选取文字。选择"窗口"→"字符"命令，弹出"字符"面板，在"字符"面板中，将"颜色"设为白色，其他选项的设置如图 6-44 所示，按Enter 键确定操作，效果如图 6-45 所示，在"图层"控制面板中生成新的文字图层。

（9）单击"图层"控制面板下方的"添加图层样式"按钮 _fx._，在弹出的菜单中选择"描边"命令，弹出对话框，将描边颜色设为橙黄色（248、165、68），其他选项的设置如图 6-46 所示，单击"确定"按钮，效果如图 6-47 所示。

图 6-44 图 6-45

（10）选择"文件"→"置入嵌入对象"命令，弹出"置入嵌入的对象"对话框，选择云盘中的"Ch06"→"制作果蔬消消消游戏"→"制作果蔬消消消游戏商城界面"→"素材"→"03"文件。单击"置入"按钮，将图片置入图像窗口中，并调整其位置和大小，按 Enter 键确定操作，效果如图 6-48所示，在"图层"控制面板中生成新的图层并将其命名为"关闭按钮"。

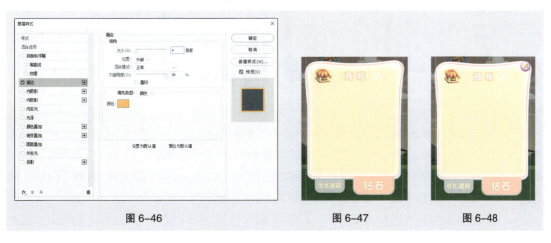

图 6-46 图 6-47 图 6-48

（11）选择"圆角矩形"工具 ▢，在属性栏的"选择工具模式"选项中选择"形状"，将"填充"颜色设为粉色（250、191、188），"半径"选项设为16像素，在图像窗口中绘制圆角矩形，效果如图 6-49 所示，在"图层"控制面板中生成新的形状图层"圆角矩形 1"。

（12）单击"图层"控制面板下方的"添加图层样式"按钮 fx，在弹出的菜单中选择"内阴影"命令，弹出对话框，将阴影颜色设为暗红色（203、75、68），其他选项的设置如图 6-50 所示，单击"确定"按钮，效果如图 6-51 所示。

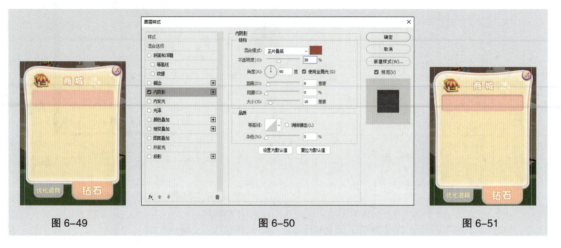

图 6-49　　　　　　　　　　图 6-50　　　　　　　　　　图 6-51

（13）将"圆角矩形 1"图层拖曳到控制面板下方的"创建新图层"按钮 ▢ 上进行复制，生成新的形状图层"圆角矩形 1 拷贝"，如图 6-52 所示。选择"移动"工具 ✛，在按住 Shift 键的同时，拖曳复制的图形到适当的位置，效果如图 6-53 所示。

（14）使用相同的方法再次复制3个形状图层，并将图形分别拖曳到适当的位置，如图6-54所示。选中"圆角矩形 1 拷贝 4"图层，在按住 Shift 键的同时，单击"圆角矩形 1"图层，将需要的图层同时选取。按 Ctrl+G 组合键，将图层编组并将其命名为"分布框"，如图 6-55 所示。

图 6-52　　　　　　　图 6-53　　　　　　　图 6-54　　　　　　　图 6-55

（15）选择"文件"→"置入嵌入对象"命令，弹出"置入嵌入的对象"对话框，选择云盘中的"Ch06"→"制作果蔬消消消游戏"→"制作果蔬消消消游戏商城界面"→"素材"→"05"文件，单击"置入"按钮，将图片置入图像窗口中，并调整其位置和大小，按Enter键确定操作，效果如图6-56所示，在"图层"控制面板中生成新的图层并将其命名为"钻石 1"。

（16）使用相同的方法置入其他素材，效果如图6-57所示。选中"钻石 5"图层，在按住

Shift 键的同时，单击"钻石 1"图层，将需要的图层同时选取。按 Ctrl+G 组合键，将图层编组并将其命名为"钻石价格"，如图 6-58 所示。果蔬消消消游戏商城界面制作完成。

图 6-56　　　　　　　　　　　图 6-57　　　　　　　　　　　图 6-58

2. 制作果蔬消消消游戏操作界面

（1）按 Ctrl+N 组合键，弹出"新建文档"对话框，设置"宽度"为 750 像素，"高度"为 1624 像素，"分辨率"为 72 像素 / 英寸，"背景内容"为白色，如图 6-59 所示，单击"创建"按钮，完成文档新建。选择"视图"→"新建参考线"命令，弹出"新建参考线"对话框，在 88 像素的位置新建一条水平参考线，设置如图 6-60 所示，单击"确定"按钮，完成参考线的创建，如图 6-61 所示。

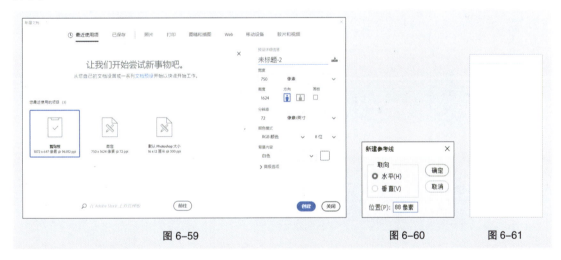

图 6-59　　　　　　　　　　　　　　　图 6-60　　　　　　　图 6-61

（2）选择"视图"→"新建参考线"命令，弹出"新建参考线"对话框，在 32 像素的位置新建一条垂直参考线，设置如图 6-62 所示，单击"确定"按钮，完成参考线的创建，如图 6-63 所示。用相同的方法，在 718 像素（距离右侧 32 像素）的位置新建一条垂直参考线，如图 6-64 所示。

（3）选择"文件"→"置入嵌入对象"命令，弹出"置入嵌入的对象"对话框，选择云盘中的"Ch06"→"制作果蔬消消消游戏"→"制作果蔬消消消游戏操作界面"→"素材"→"01"文件，单击"置入"按钮，将图片置入图像窗口中，并调整其位置和大小，按 Enter 键确定操作，效果如图 6-65 所示，在"图层"控制面板中生成新的图层并将其命名为"底图"。

（4）单击"图层"控制面板下方的"添加图层样式"按钮 fx，在弹出的菜单中选择"颜色叠加"

命令，将叠加颜色设为黑色，其他选项的设置如图 6-66 所示，单击"确定"按钮，效果如图 6-67 所示。

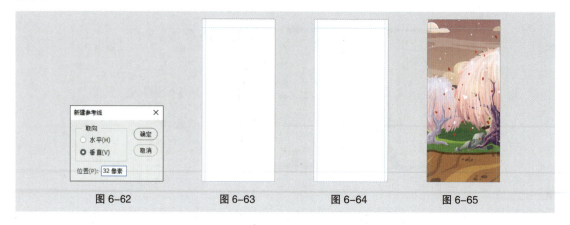

图 6-62　　　　图 6-63　　　　图 6-64　　　　图 6-65

（5）选择"文件"→"置入嵌入对象"命令，弹出"置入嵌入的对象"对话框，选择云盘中的 "Ch06"→"制作果蔬消消消游戏"→"制作果蔬消消消游戏操作界面"→"素材"→"05"文件， 单击"置入"按钮，将图片置入图像窗口中，并调整其位置和大小，按 Enter 键确定操作，效果如图 6-68 所示，在"图层"控制面板中生成新的图层并将其命名为"内容区"。

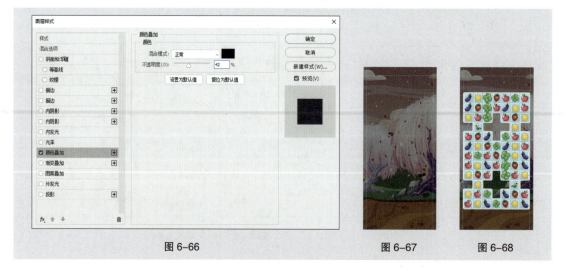

图 6-66　　　　　　　　　　　　　　图 6-67　　　　图 6-68

（6）在按住 Shift 键的同时，单击"底图"图层，将所需要的图层同时选取。按 Ctrl+G 组合键， 将图层编组并将其命名为"内容区"，如图 6-69 所示。

（7）选择"文件"→"置入嵌入对象"命令，弹出"置入嵌入的对象"对话框，选择云盘中的 "Ch06"→"制作果蔬消消消游戏"→"制作果蔬消消消游戏操作界面"→"素材"→"02"文件， 单击"置入"按钮，将图片置入图像窗口中，并调整其位置和大小，按 Enter 键确定操作，效果如图 6-70 所示，在"图层"控制面板中生成新的图层并将其命名为"桃心"。使用相同的方法置入其 他素材，效果如图 6-71 所示。在按住 Shift 键的同时，单击"桃心"图层，将所需要的图层同时选取。 按 Ctrl+G 组合键，编组图层并将其命名为"菜单栏"。

（8）选择"文件"→"置入嵌入对象"命令，弹出"置入嵌入的对象"对话框，选择云盘中的 "Ch06"→"制作果蔬消消消游戏"→"制作果蔬消消消游戏操作界面"→"素材"→"06"文件，单击"置入"按钮，将图片置入图像窗口中，并调整其位置和大小，按Enter键确定操作，效果如图6-72所示，在"图层"控制面板中生成新的图层并将其命名为"菜单背景"。

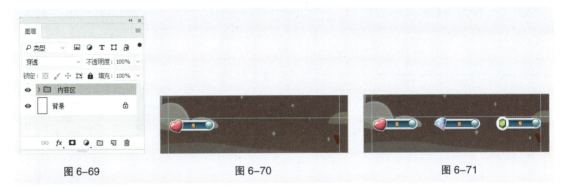

图 6-69　　　　　图 6-70　　　　　图 6-71

（9）使用相同的方法置入其他素材，效果如图6-73所示。在按住Shift键的同时，单击"菜单背景"图层，将所需要的图层同时选取。按Ctrl+G组合键，将图层并将其命名为"导航栏"。果蔬消消游戏操作界面制作完成。

图 6-72　　　　　　　　　　　　　图 6-73

3. 制作果蔬消消游戏胜利界面

（1）按Ctrl+N组合键，弹出"新建文档"对话框，设置"宽度"为750像素，"高度"为1624像素，"分辨率"为72像素/英寸，"背景内容"为白色，如图6-74所示，单击"创建"按钮，完成文档新建。选择"视图"→"新建参考线"命令，弹出"新建参考线"对话框，在88像素的位置新建一条水平参考线，设置如图6-75所示，单击"确定"按钮，完成参考线的创建。如图6-76所示。

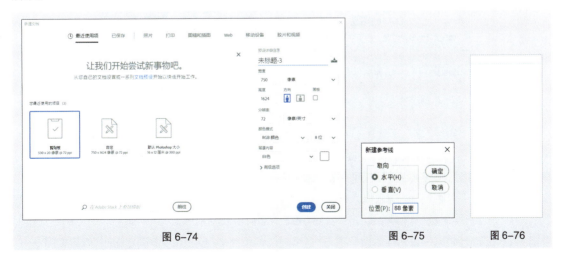

图 6-74　　　　　　　　　图 6-75　　　　　图 6-76

（2）选择"视图"→"新建参考线"命令，弹出"新建参考线"对话框，在32像素的位置新建一条垂直参考线，设置如图6-77所示，单击"确定"按钮，完成参考线的创建，如图6-78所示。

用相同的方法，在718像素（距离右侧32像素）的位置新建一条垂直参考线，如图6-79所示。

（3）选择"文件"→"置入嵌入对象"命令，弹出"置入嵌入的对象"对话框，选择云盘中的"Ch06"→"制作果蔬消消消游戏"→"制作果蔬消消消游戏胜利界面"→"素材"→"01"文件，单击"置入"按钮，将图片置入图像窗口中，并调整其位置和大小，按Enter键确定操作，效果如图6-80所示，在"图层"控制面板中生成新的图层并将其命名为"底图"。使用相同的方法置入其他素材，效果如图6-81所示。

| 图 6-77 | 图 6-78 | 图 6-79 | 图 6-80 | 图 6-81 |

（4）选择"横排文字"工具 T，在适当的位置输入需要的文字并选取文字。选择"窗口"→"字符"命令，弹出"字符"面板，在面板中将"颜色"设为深蓝色（11、94、120），其他选项的设置如图6-82所示，按Enter键确定操作，效果如图6-83所示，在"图层"控制面板中生成新的文字图层。

图 6-82　　　　　　　　　　　　　　图 6-83

（5）选择"横排文字"工具 T，在适当的位置输入需要的文字并选取文字，在"字符"面板中，将"颜色"设为白色，其他选项的设置如图6-84所示，按Enter键确定操作，效果如图6-85所示，在"图层"控制面板中生成新的文字图层。使用相同的方法输入其他文字，效果如图6-86所示。

（6）选择"文件"→"置入嵌入对象"命令，弹出"置入嵌入的对象"对话框，选择云盘中的"Ch06"→"制作果蔬消消消游戏"→"制作果蔬消消消游戏胜利界面"→"素材"→"10"文件，单击"置入"按钮，将图片置入图像窗口中，并调整其位置和大小，按Enter键确定操作，效果如图6-87所示，在"图层"控制面板中生成新的图层并将其命名为"下一关"。

图 6-84　　　　　　　　　图 6-85　　　　　　　　　图 6-86

（7）选择"横排文字"工具 T.，在适当的位置输入需要的文字并选取文字，在"字符"面板中，将"颜色"设为白色，其他选项的设置如图 6-88 所示，按 Enter 键确定操作，效果如图 6-89 所示，在"图层"控制面板中生成新的文字图层。

图 6-87　　　　　　　　　图 6-88　　　　　　　　　图 6-89

（8）单击"图层"控制面板下方的"添加图层样式"按钮 fx，在弹出的菜单中选择"描边"命令，将描边颜色设为绿色（12、120、22），其他选项的设置如图 6-90 所示，单击"确定"按钮，效果如图 6-91 所示。

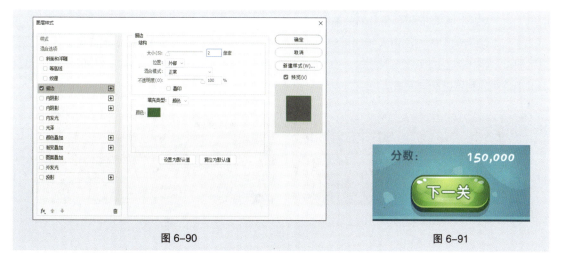

图 6-90　　　　　　　　　　　　　　　图 6-91

（9）选择"文件"→"置入嵌入对象"命令，弹出"置入嵌入的对象"对话框，选择云盘中的"Ch06"→"制作果蔬消消游戏"→"制作果蔬消消游戏胜利界面"→"素材"→"11"文件，

单击"置入"按钮，将图片置入图像窗口中，并调整其位置和大小，按 Enter 键确定操作，效果如图 6-92 所示，在"图层"控制面板中生成新的图层并将其命名为"关闭按钮"。在按住 Shift 键的同时，单击"底图"图层，将需要的图层同时选取。按 Ctrl+G 组合键，将图层编组并将其命名为"内容区"，效果如图 6-93所示。

图 6-92   图 6-93

（10）选择"文件"→"置入嵌入对象"命令，弹出"置入嵌入的对象"对话框，选择云盘中的"Ch06"→"制作果蔬消消游戏"→"制作果蔬消消游戏胜利界面"→"素材"→"02"文件，单击"置入"按钮，将图片置入图像窗口中，并调整其位置和大小，按 Enter 键确定操作，效果如图 6-94 所示，在"图层"控制面板中生成新的图层并将其命名为"攻略"。使用相同的方法置入其他素材，效果如图 6-95 所示。在按住 Shift 键的同时，单击"攻略"图层，将所需要的图层同时选取。按 Ctrl+G 组合键，编组图层并将其命名为"菜单栏"。

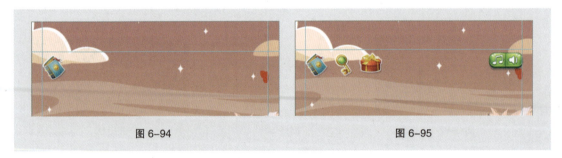

图 6-94   图 6-95

（11）选择"文件"→"置入嵌入对象"命令，弹出"置入嵌入的对象"对话框，选择云盘中的"Ch06"→"制作果蔬消消游戏"→"制作果蔬消消游戏胜利界面"→"素材"→"12"文件，单击"置入"按钮，将图片置入图像窗口中，并调整其位置和大小，按 Enter 键确定操作，效果如图 6-96所示，在"图层"控制面板中生成新的图层并将其命名为"退出"。

（12）使用相同的方法置入其他素材，效果如图 6-97 所示。在按住 Shift 键的同时，单击"退出"图层，将所需要的图层同时选取。按 Ctrl+G 组合键，编组图层并将其命名为"控制栏"。果蔬消消消游戏胜利界面制作完成。

图 6-96   图 6-97

6.4 课堂练习——制作糖果消消乐游戏界面

【案例学习目标】学习如何置入图片和图标，并使用移动工具移动、调整图片。

【案例知识要点】使用新建参考线命令新建参考线，使用置入嵌入对象命令导入图片，并调整其大小和位置，使用描边命令给文字添加边框，使用投影命令给文字和图形添加投影，使用颜色叠加命令制作背景图，效果如图 6-98 所示。

【效果所在位置】云盘 /Ch06/ 制作糖果消消乐游戏。

图 6-98

6.5 课后习题——制作开心连连看游戏界面

【案例学习目标】学习如何置入图片和图标，并使用移动工具移动、调整图片。

【案例知识要点】使用新建参考线命令新建参考线，使用置入嵌入对象命令导入图片，并调整其大小和位置，使用描边命令给文字添加边框，使用斜面和浮雕、投影命令给文字和图形添加效果，使用渐变叠加命令制作背景图，效果如图 6-99 所示。

【效果所在位置】云盘 /Ch06/ 制作开心连连看游戏。

图 6-99